系统退化可靠性建模与评估

黄金波　孔德景　著

中国宇航出版社

·北京·

内 容 简 介

性能退化可靠性建模与评估技术作为小子样、高可靠、长寿命产品可靠性设计、试验与评估的关键技术，是当前可靠性工程领域的研究重点和热点。本书结合工程实践，聚焦多性能退化、多阶段等系统运行特点，分析了系统校正行为、竞争失效、动态失效阈值对系统可靠性建模的影响，采用随机过程的基础理论和方法建立了系统退化过程模型，提出了相应的可靠性评估方法和敏感性分析方法，并给出了相关工程应用案例。

本书可供航空、航天、舰船等复杂装备的论证、研制、试验、保障单位和相关部队的工程技术人员、管理人员参考，也可供高等院校可靠性工程、管理科学与工程、系统工程等相关专业研究生阅读。

图书在版编目（ＣＩＰ）数据

系统退化可靠性建模与评估 / 黄金波，孔德景著

. -- 北京：中国宇航出版社，2021.10

ISBN 978 - 7 - 5159 - 2001 - 6

Ⅰ.①系… Ⅱ.①黄… ②孔… Ⅲ.①系统可靠性－系统建模②系统可靠性－评估 Ⅳ.①N945.1

中国版本图书馆 CIP 数据核字（2021）第 222806 号

责任编辑	侯丽平	**封面设计**	宇星文化

出 版
发 行 中国宇航出版社

社 址	北京市阜成路 8 号	**邮 编**	100830	
	(010)60286808	(010)68768548		
网 址	www.caphbook.com			
经 销	新华书店			
发行部	(010)60286888	(010)68371900		
	(010)60286887	(010)60286804(传真)		
零售店	读者服务部	(010)68371105		
承 印	天津画中画印刷有限公司			

版 次	2021 年 10 月第 1 版
	2021 年 10 月第 1 次印刷
规 格	787×1092
开 本	1/16
印 张	8.75
字 数	213 千字　　**彩 插** 8 面
书 号	ISBN 978 - 7 - 5159 - 2001 - 6
定 价	68.00 元

本书如有印装质量问题，可与发行部联系调换

前　言

随着高新技术的不断发展和新材料、新工艺的不断应用，产品（或系统）的高集成化、高智能化以及复杂性日益增强，传统的基于失效（寿命）数据的可靠性评估方法在工程实践中面临着小子样、长寿命、失效少甚至无失效和复杂相关性等一系列新的现实难题。基于性能退化的可靠性建模与评估技术作为高可靠性和长寿命产品可靠性设计、试验与评估的关键技术，是当前可靠性工程领域的研究重点和热点。本书结合工程实践，考虑退化系统的运行特点和相关影响因素，基于监测收集的性能退化数据，开展系统退化过程可靠性建模和评估研究。

本书共9章。第1章绪论，分析了系统退化可靠性建模研究现状和基本理论，给出了相关概念、常用概率分布和定理。第2章介绍了基于随机过程的系统退化可靠性基础模型，主要包括退化轨迹模型、分布函数模型、Poisson过程模型、Wiener过程模型、Gamma过程模型和逆高斯过程模型等。第3章至第7章分别针对多性能退化系统和多阶段系统，考虑动态阈值、校正行为、竞争失效的影响，建立了不同的系统退化模型，提出了相应的可靠性评估方法。其中，动态阈值主要包括线性阈值、区域阈值和随机阈值三种不同情形，基于Wiener扩散过程分别建立了系统退化模型，提出了相应的可靠性评估方法和相关指标的求解方法；针对可校正系统，依据经典的Kijima模型建立了两种退化模型，给出了基于首达时（First Passage Time，FPT）分布求解系统可靠性的新方法和基于偏微分方程的传统求解方法；对于多阶段系统，同时考虑系统校正行为，分别构建了确定型阈值和随机型阈值两种情形下系统退化数据模型和过程模型，通过可靠性评估结果比较分析，验证了阈值随机性对系统退化可靠性的影响规律；对于竞争失效系统，考虑外部冲击导致的系统突发失效

（硬失效）和实时校正行为影响下的退化失效（软失效），针对两种不同的冲击失效模式，基于一般轨迹模型和 Wiener 过程分别构建了系统退化模型，给出了相应的可靠性评估方法。第 8 章开展了基于一次一个（One at A Time，OAT）和基于概率密度分布的系统退化可靠性评估敏感性分析。第 9 章开展了工程应用案例研究，在一定程度上验证了模型方法的正确性和适用性。

本书内容主要来源于作者近年来的研究成果和公开发表的论文，同时参考或直接引用了国内外专家学者的有关著作和论文资料。本书得到了国家自然科学基金、军队预研基金等项目资助。在本书编写过程中，得到了北京理工大学崔利荣教授的悉心指导，以及沈静远副教授、刘宝亮副教授、张权副教授、高洪达博士的有益帮助，在此一并表示衷心感谢。

鉴于作者水平有限，不妥和疏漏之处在所难免，敬请读者批评指正。

作　者

2021 年 9 月

目　录

第1章　绪论 ……………………………………………………………………… 1

1.1　研究背景与意义 …………………………………………………………… 1

1.2　国内外研究现状 …………………………………………………………… 3

　　1.2.1　系统退化建模研究现状 …………………………………………… 5

　　1.2.2　其他相关问题研究现状 …………………………………………… 11

1.3　基于性能退化的可靠性建模与评估基本理论 ………………………… 14

　　1.3.1　基于性能退化的可靠性建模与评估基本过程 …………………… 14

　　1.3.2　失效机理与模式分析 ……………………………………………… 14

　　1.3.3　退化数据分析处理 ………………………………………………… 15

　　1.3.4　失效阈值确定 ……………………………………………………… 15

　　1.3.5　寿命分布建模与计算 ……………………………………………… 16

1.4　相关概念与定理 …………………………………………………………… 17

　　1.4.1　退化建模中常用的随机过程 ……………………………………… 17

　　1.4.2　维修度与 Kijima 模型 ……………………………………………… 18

　　1.4.3　常用分布、定理及基本概念 ……………………………………… 19

第2章　基于随机过程的系统退化可靠性基础模型 …………………………… 22

2.1　基于退化轨迹的系统退化可靠性模型 ………………………………… 22

2.2　基于分布函数的系统退化可靠性模型 ………………………………… 23

2.3　基于复合 Poisson 过程的系统退化可靠性模型 ……………………… 24

　　2.3.1　基于齐次复合 Poisson 过程的性能退化模型 …………………… 24

　　2.3.2　基于非齐次复合 Poisson 过程的性能退化模型 ………………… 25

2.4　基于 Wiener 过程的系统退化可靠性模型 …………………………… 25

2.5　基于 Gamma 过程的系统退化可靠性模型 …………………………… 27

2.6　基于逆高斯过程的系统退化可靠性模型 ……………………………… 28

2.7　本章小结 …………………………………………………………………… 29

第3章　多性能退化系统建模与可靠性评估方法 ················· 30

　3.1　失效阈值和失效模式 ··· 30

　3.2　基于分布函数的多性能退化可靠性建模 ···················· 31

　　3.2.1　基于多元正态分布的多性能退化可靠性模型 ········· 31

　　3.2.2　基于多元 Weibull 分布的多性能退化可靠性模型 ···· 32

　3.3　基于 Wiener 过程的多性能退化可靠性建模与评估方法 ··· 33

　　3.3.1　多性能 Wiener 过程退化模型 ·························· 33

　　3.3.2　模型参数估计 ··· 34

　　3.3.3　多性能参数相互独立时系统可靠性评估方法 ········· 35

　　3.3.4　两个性能参数相依、与其他参数独立时系统可靠性评估方法 ··· 36

　3.4　基于 Gamma 过程的多性能退化可靠性建模与评估方法 ··· 37

　3.5　数值算例 ·· 39

　3.6　本章小结 ·· 45

第4章　动态阈值系统退化建模与可靠性评估方法 ············· 46

　4.1　线性阈值情形下系统退化建模与可靠性评估 ·············· 46

　　4.1.1　系统退化建模 ··· 46

　　4.1.2　系统可靠性评估方法 ····································· 47

　　4.1.3　数值算例 ·· 49

　4.2　区域阈值情形下系统退化建模与可靠性评估方法 ········· 50

　　4.2.1　系统退化建模 ··· 51

　　4.2.2　系统可靠性评估方法 ····································· 52

　　4.2.3　数值算例 ·· 53

　4.3　随机阈值情形下系统退化建模与可靠性评估方法 ········· 54

　　4.3.1　系统退化建模 ··· 54

　　4.3.2　系统可靠性评估方法 ····································· 55

　　4.3.3　数值算例 ·· 56

　4.4　本章小结 ·· 57

第5章　可校正系统退化建模与可靠性评估方法 ··············· 58

　5.1　可校正系统退化过程建模 ·· 58

　　5.1.1　系统建模与模型假设 ····································· 58

　　5.1.2　两个模型的相关结论 ····································· 60

　5.2　可校正系统退化可靠性评估方法 ······························ 63

　　　5.2.1　系统可靠度求解方法 ……………………………………………… 63

　　　5.2.2　其他相关指标的求解方法 ………………………………………… 64

　　5.3　退化模型与可靠性评估方法的扩展应用 ……………………………… 65

　　5.4　数值算例 …………………………………………………………………… 67

　　5.5　本章小结 …………………………………………………………………… 70

第6章　多阶段系统退化建模与可靠性评估方法 …………………………… 72

　　6.1　确定型阈值情形下多阶段系统退化可靠性建模 …………………… 72

　　　6.1.1　模型假设 ………………………………………………………………… 72

　　　6.1.2　退化路径和数据模型 ………………………………………………… 73

　　　6.1.3　多阶段可校正系统退化可靠性模型 ……………………………… 74

　　6.2　模型参数估计 …………………………………………………………… 75

　　　6.2.1　参数 θ 的估计及后验分布 ……………………………………… 75

　　　6.2.2　参数 θ 的方差及相关结论 ……………………………………… 78

　　　6.2.3　参数 φ 的估计及后验分布 ……………………………………… 79

　　6.3　确定型阈值情形下多阶段系统退化可靠性评估方法 ……………… 80

　　6.4　随机型阈值情形下多阶段系统退化可靠性评估方法 ……………… 81

　　6.5　数值算例 …………………………………………………………………… 83

　　　6.5.1　确定型阈值情形下可靠性评估算例 ……………………………… 83

　　　6.5.2　随机型阈值情形下可靠性评估算例 ……………………………… 87

　　6.6　本章小结 …………………………………………………………………… 89

第7章　竞争失效系统退化建模与可靠性评估方法 ………………………… 90

　　7.1　模型假设 …………………………………………………………………… 90

　　7.2　系统失效模式分析 ……………………………………………………… 92

　　　7.2.1　冲击失效模式分析 …………………………………………………… 92

　　　7.2.2　退化失效模式分析 …………………………………………………… 92

　　7.3　冲击失效与退化失效可靠性建模 ……………………………………… 93

　　　7.3.1　冲击失效可靠性一般模型 …………………………………………… 93

　　　7.3.2　基于泊松过程的冲击失效可靠性建模 …………………………… 95

　　　7.3.3　退化失效可靠性建模 ………………………………………………… 98

　　7.4　竞争失效系统退化可靠性建模与评估方法 ………………………… 99

　　　7.4.1　基于一般轨迹模型的竞争失效可靠性建模与评估方法 ……… 99

　　　7.4.2　基于 Wiener 过程模型的竞争失效可靠性建模与评估方法 …… 100

　　7.5　数值算例 ……………………………………………………………… 102

　　　　7.5.1　典型案例 ………………………………………………………… 102

　　　　7.5.2　仿真分析 ………………………………………………………… 104

　　7.6　本章小结 ……………………………………………………………… 107

第 8 章　系统退化可靠性评估的敏感性分析 ……………………………… 108

　　8.1　基于 OAT 的退化可靠性评估敏感性分析 ………………………… 108

　　　　8.1.1　校正度 θ 的敏感性分析 ……………………………………… 109

　　　　8.1.2　漂移参数 c 的敏感性分析 …………………………………… 110

　　　　8.1.3　初始退化量 x 的敏感性分析 ……………………………… 110

　　　　8.1.4　扩散系数 σ 的敏感性分析 ………………………………… 112

　　8.2　基于概率密度分布的退化可靠性评估敏感性分析 ……………… 112

　　　　8.2.1　均匀分布下初始退化量的敏感性分析 ……………………… 113

　　　　8.2.2　Beta 分布下初始退化量的敏感性分析 …………………… 113

　　8.3　本章小结 ……………………………………………………………… 115

第 9 章　工程应用案例 ……………………………………………………… 116

　　9.1　平台式惯性导航系统概述 …………………………………………… 116

　　　　9.1.1　系统组成及工作原理 ………………………………………… 116

　　　　9.1.2　系统失效机理及性能指标 …………………………………… 117

　　　　9.1.3　系统工作模式 ………………………………………………… 117

　　9.2　系统退化可靠性建模 ………………………………………………… 118

　　　　9.2.1　系统退化过程模型 …………………………………………… 118

　　　　9.2.2　系统可靠性评估模型 ………………………………………… 118

　　9.3　系统可靠性评估 ……………………………………………………… 120

　　9.4　本章小结 ……………………………………………………………… 123

参考文献 ……………………………………………………………………… 124

第1章 绪 论

1.1 研究背景与意义

伴随科学技术的不断进步，产品（系统）的结构日趋复杂、产品的运行环境更加多变、产品的性能迭代不断加快等，如何分析、设计、评价、改进产品的质量是产品研制和使用人员必须面对的问题。因此，在产品论证、方案制定、工程研制、生产与部署、使用与保障等全寿命阶段中，质量的重要作用日益凸显，并且成为决定产品市场核心竞争力的重要因素之一。

可靠性是质量的一种重要反映，描述的是产品质量在时间尺度上的演变规律，是反映产品质量信息的核心要素。可靠性（Reliability）是指产品在规定的条件下和规定的时间内完成规定功能的能力[1]。

历史上，因产品质量和可靠性问题导致的重大灾难性事故不胜枚举。例如，1986 年 1 月 28 日，美国挑战号航天飞机在起飞 73 s 后发生爆炸，导致 7 名航天员丧生和 12 亿美元的经济损失，而造成这一事故的直接原因仅仅是密封圈失效；2011 年 7 月 23 日，我国甬温线因列控中心设备故障导致两列动车追尾，造成 40 人死亡、172 人受伤，直接经济损失近 2 亿元；2016 年，韩国三星手机 Galaxy Note 7，因电池尾部保护仓不完整，受到冲击以后电池晃动，其尾部受撞击隔膜破裂，电池正负极短路引起燃烧或者爆炸，造成经济损失多达数百亿美元，严重地影响了三星品牌产品的全球市场占有率。综合来看，产品可靠性问题往往存在于设计环节。因此，我们亟需科学、有效的可靠性理论和工程技术去解决现实的可靠性难题，一方面，需要平衡产品设计的可靠性与经济性问题，另一方面，需要研究有效的产品延寿技术，达到降低维修保障费用和提高全生命周期使用效益的目的[2-4]。

随着科学技术的不断发展以及新技术、新材料的广泛应用，现代产品的设计水平和制造工艺不断提升，可靠性越来越高，寿命越来越长，尤其是航空、航天、兵器、电子、核电、船舶、机械等诸多领域，高可靠、长寿命产品的可靠性评估问题愈加突出。为保障产品功能的可用性，首先要准确评价和预测产品的可靠性。因此，如何在较短的研发周期和有限的试验经费内，快速、准确地评估高可靠、长寿命产品的可靠性，掌握产品的性能退化趋势和可靠性水平，提出预防性举措，以减少灾难性事故发生，已成为当前可靠性工程领域亟待解决的热点问题[5-7]。

可靠性评估是对产品可靠性进行定量控制、分析的必要手段，目的是衡量产品的可靠性是否达到预期的设计目标，验证产品可靠性设计的合理性，指出产品的薄弱环节，从而为改进设计指明方向，加速产品研制过程的可靠性增长[8]。从 20 世纪 50 年代开始，经过多年的发展，可靠性学科已经形成了一套以失效时间作为统计分析对象的传统可靠性评估方法和基于性能退化的可靠性评估方法[9]。

在传统的可靠性评估方法中，失效被认为是抽象的随机事件，产品的状态一般被简化为正常和失效两种离散状态，并以失效时间作为统计分析的对象，其具体做法如下[9]：1）按照系统的功能和物理结构进行系统层次分解，规定零部件失效标准。2）对零部件进行寿命试验，收集产品失效数据。其中，对于短寿命产品，可通过大量寿命试验得到产品或其部件的失效数据，而高可靠、长寿命产品，则采用加应力的方法，利用加速寿命试验建立产品寿命与应力之间的关系模型（加速方程），然后使用外推的方法预计产品在正常应力下的失效数据。3）使用统计判断准则，选择最合适的统计分布模型（如指数、正态、威布尔、对数正态等分布模型）作为零部件寿命分布模型。4）通过系统组成结构分析建立系统可靠性模型。5）基于零部件寿命分布模型和系统可靠性模型进行可靠性估计。

以上方法比较适合技术复杂性低和大批量生产的标准型产品，对于现代工业生产条件下的高技术复杂结构产品和小批量生产的定制型产品，如飞机、数控机床、复杂系统等高可靠复杂系统，传统的可靠性评估方法在工程实践中面临很多难以解决的现实问题，主要体现在以下几个方面[10-11]：

1）小子样条件下产品失效数据不足问题。现代工业生产具有"多品种、小批量、快速生产"的特点，整体试验成本高、工作环境复杂多变、任务时间长，进行大样本试验在费用、时间及条件等方面往往有所限制，可获取的失效数据甚少，从而导致依赖于大样本失效数据的传统可靠性评估方法的可信度较低。

2）高可靠、长寿命产品失效数据缺失问题。对于高可靠、长寿命产品，在有限的时间内，即使通过加速寿命试验也难以获得足够的失效数据，甚至没有失效数据，无法建立传统可靠性评估方法所需的有效寿命分布模型。此外，利用加速试验获取寿命特征的重要前提是不改变产品失效模式，但由于系统结构复杂、失效模式众多，且存在竞争失效等现象，加速试验难免引入新的失效模式。

3）可靠性评估与性能分析脱节的问题。传统的可靠性评估方法将产品状态分为正常和故障两种情况，对产品工作原理和过程的描述不充分，分析过程中并不区分失效机理的不同，不重视产品运行过程中的微观变化，没有利用失效的相关信息。而对于复杂系统，其状态并不是由所谓的"完好"瞬间变为"失效"的，而是一个逐渐退化的过程。据统计，性能退化失效在产品失效中占 70%～80%，传统的可靠性评估方法侧重于研究偶发失效，忽略了性能与可靠性之间的关系，在一定程度上造成可靠性研究与性能分析的脱节。

4）复杂相关性对可靠性的影响问题。传统的可靠性评估方法在处理复杂系统的非单调性、多态性、相关性和动态性等问题方面存在一定困难，简化了系统可靠性模型，无法更加真实地刻画多种因素及其复杂相关性对产品可靠性的影响。实际上，由于系统不同结构、不同功能的组成部分之间的相互作用，以及系统与环境之间的相互作用，使得系统具有独特的整体功能，也使得不同系统之间互相区别。

为解决上述问题，基于性能退化机理及退化数据的可靠性评估理论应运而生。与失效数据相比，性能退化数据可在产品试验、任务阶段实时测量，更加接近产品的失效机理，蕴含着物理量与性能、寿命之间的对应关系。基于退化的可靠性评估方法是对传统可靠性技术的扩展，它具有以下四大优势[10,12]：

一是为小子样、长寿命产品可靠性建模与评估提供了新途径。该方法通过对产品失效机理的研究，确定可靠性度量指标和标准，并充分利用和挖掘性能退化过程中与产品寿命有关的信息，可在极少失效甚至是无失效的情形下预测和评估高可靠、长寿命产品的可靠性。

二是工程适应性强，可有效克服可靠性理论与实践的"两张皮"现象。基于性能退化的可靠性模型通过描述产品失效机理与应力和环境的关系，揭示了性能与可靠性之间的必然联系，能够更清晰地描述产品内部失效机理与外部环境应力的关系，与传统可靠性理论及工程实践相比具有一定的优越性。

三是在质量与可靠性之间架起定量关系的桥梁。基于性能退化的可靠性评估实现了产品可靠性定性认识与定量认识的统一，在产品功能特性与可靠性之间架起了定量联系的桥梁，为可靠性与性能设计分析的一体化研究提供了重要支撑。

四是为可靠性相关学科研究和发展奠定了重要基础。基于退化的可靠性技术将故障模式看作可以测试和观测的特征信息，如振幅、周期、频谱、磨损等，可为维修性、保障性、测试性和安全性研究提供重要的模型和理论基础。

此外，近年来，随着传感器技术和状态监测技术的发展和应用，工业现场可以获得丰富的监测数据（包括性能退化数据）用于过程监控与维修保障策略制定，预测和健康管理（Prognostics and Health Management，PHM）技术得到了迅猛发展，特别是在航空航天领域，如航空发动机 PHM 技术得到了广泛的研究和应用，形成了系列化的行业技术标准[13-14]，为基于性能退化的可靠性评估工作提供了重要的数据支撑和实践基础。

本书的研究工作正是建立在以上工程背景下，以基于性能退化的可靠性建模与评估方法为研究内容，应用随机过程基础理论和方法，紧密结合国内外研究现状，针对工程实践中的典型系统和产品，通过简化和聚焦系统主要特点，建立退化过程可靠性模型，提出相应的可靠性评估方法。研究成果可应用于长寿命、高可靠、试验费用昂贵的小子样产品的可靠性评估，具有数据更易获取、更加符合失效本质、显著降低试验时间及费用等众多优点，不仅有利于克服小子样数据给可靠性评估带来的困扰，而且将进一步丰富和发展可靠性理论和方法，解决传统可靠性评估方法无法解决的工程实际问题。因此，本书主要聚焦相关系统的实际特点，通过对系统和问题的简化处理，抽象分析并凝练出系统退化可靠性模型，为可靠性工程应用提供可靠性数学建模和评估方法的支撑，具有一定的理论价值和工程实践意义。

1.2 国内外研究现状

可靠性工程是提高产品（元器件、单元、子系统和系统等）在整个寿命周期内可靠性的一门有关设计、分析和试验的工程技术。目前，可靠性工程经历了以下发展历程，并将面临新的挑战[15-16]。

（1）可靠性萌芽和兴起阶段

第二次世界大战期间，德国 V - 2 火箭的发射故障率以及美国无线电设备的通信故障率居高不下，这引起当时美国政府的高度重视，并有组织地展开了可靠性的研究。值得指出的是，AGREE组织推动了美国可靠性工程的发展，并制定了可靠性工程的发展方向，研究发表了"军用电子设备可靠性"报告。该报告成为可靠性学科发展的重要里程碑，促使可靠性工程成为一门真正独立的学科。

（2）可靠性发展和成熟阶段

20 世纪 60—70 年代，可靠性进入了学科发展和成熟的阶段，其研究领域已经从传统的航空航天和核工业的电子设备产品等领域发展到大型复杂工程的电机与电力系统、机械设备、动力设备和土木建筑等领域。同时，试验管理程序和方法的提出确保了产品在研制过程中实现标准化的可靠性设计、试验和管理。在此期间，可靠性工作者还不断给出新的研究理论和技术方法，比如，故障模式及影响分析（FMEA）、故障树（FTA）、冗余设计（Redundancy）和可靠性老炼试验（Burning - in）等。另外，可靠性研究工作者进行了大量的失效物理研究，许多产品的失效模式与失效机理被深入分析，基于此的可靠性试验与环境应力筛选变得越来越有效。因此，伴随失效分析、设计改进及评估技术的不断发展，产品的可靠性达到了一个新的水平，其中以美国、德国、苏联和日本等为代表的国家为可靠性的早期发展贡献巨大。

（3）可靠性深入发展和挑战阶段

20 世纪 80 年代后，伴随科技进步，可靠性的发展得以继续深化，但是也遇到诸多难题和具有挑战性的研究内容。可靠性工程的研究逐步深入到软件可靠性、网络可靠性、机械可靠性、光电器件和微电子可靠性等领域。可靠性逐步走向综合化、系统化、复杂化和智能化，尤其是复杂系统可靠性的研究成为可靠性研究的焦点和难点。21 世纪以来，伴随产品寿命和可靠性的提高，产品失效模式的研究逐步从突发失效（Hard Failure）模式向退化失效（Soft Failure）模式转变。基于退化的可靠性技术和失效机理研究成为可靠性工程中广泛研究和日渐重视的研究方向。因此，可靠性研究已经成为所有重大项目必须考虑的因素。但其面临的问题和研究对象越来越复杂，数学模型和统计模型的研究对问题的描述程度有限，可靠性数据质量和诸多假设等限定因素成为可靠性发展面临的挑战问题[17-18]，比如，采用寿命分布和随机过程描述特定产品的寿命模型和退化过程，需要首先确定其分布类型和退化过程模型是否具有适用性；当某些产品物理失效和退化机理非常清楚时，可直接根据失效机理进行辨识。但是，大多数情形下，产品的失效机理并不完全明确，需要根据寿命数据和性能退化数据进行可靠性建模，这是目前基于可靠性数据的可靠性建模研究中亟待解决的问题之一。

因此，如果未来能够将人工智能、随机模拟、信息论和大数据等融入可靠性工程研究中，将有助于解决复杂系统的可靠性建模和统计分析问题，并将为可靠性的发展奠定基础。

我国可靠性发展的标志性事件是 20 世纪 70—80 年代可靠性国家标准 GB 1772—79《电子元器件失效率试验方法》以及国军标 GJB 299—87《电子设备可靠性预计手册》的颁布和实施。随后，航空航天工程的发展推动了可靠性工程的深化研究。目前，可靠性工程日益得到产品生产商和使用商的重视，其范围几乎涉及所有重大生产项目、精密产品和复杂系统。

1.2.1　系统退化建模研究现状

系统退化失效的可靠性研究起步于 20 世纪 70 年代，直到 20 世纪 90 年代初才逐渐引起国内学者的重视[19]。近 30 年来，基于性能退化数据的可靠性分析方法在航空、航天、电子、兵器、船舶、核工业等重要工程领域中得到了广泛应用，但相关理论和方法仍处于探索阶段，目前，大多性能退化研究是针对具体的工程问题和试验测试数据建立相应的一般退化过程模型，进而在此基础上开展可靠性评估工作。目前相关模型具有共性特点，有时不能体现系统复杂的退化特性。

系统退化建模一般可按以下六种不同的角度进行分类：1) 根据退化模型特点，可将退化过程模型分为一般路径（退化轨迹）模型、随机过程模型和其他模型；2) 根据失效阈值特点，可分为静态失效阈值性能退化建模和动态失效阈值性能退化建模；3) 根据系统退化过程可否校正，可分为可校正系统性能退化建模和不可校正系统性能退化建模；4) 根据系统运行阶段数量，可分为单阶段系统退化建模和多阶段系统退化建模；5) 根据退化性能指标维数，可分为单性能退化建模和多性能退化建模；6) 根据系统失效模式，构建基于硬失效和软失效的竞争失效模型。下面将对系统退化建模与可靠性评估研究现状进行综述，重点分析退化过程模型研究概况，简要阐述动态阈值系统、可校正系统、多阶段系统和多性能退化系统等相关问题的研究进展。

利用性能退化数据评估高可靠产品的可靠性具有广泛的应用前景，其基本原理是：多数产品的疲劳、磨损等源于固有的退化失效机理，当产品某一或者某几项性能参数的退化量随着时间累积达到指定的退化阈值（随机值或确定值）时，则意味着产品失效。因此，基于性能退化的可靠性评估的本质和关键就是立足产品失效表征性能参数建立系统退化过程模型，准确描述产品的退化现象，进而为产品的故障与剩余寿命预测、基于状态的维修决策等工作奠定坚实基础。

1.2.1.1　一般路径模型

一般路径模型（general path degradation model）是基于性能退化的可靠性建模研究早期使用的一种较为简单的模型，该模型最早由 Lu 和 Meeker 提出[20]，假定在 t 时刻，产品的性能退化量 $Y(t)$ 可以表征为

$$Y(t) = \mu(t) + \varepsilon \qquad (1-1)$$

其中，$\mu(t)$ 表示依赖于某些随机影响因素的真实退化路径，ε 表示测量误差，一般服从均值为 0 的正态分布。常用的路径模型主要有 Paris 模型、幂律模型、反应论模型、随机斜

率/截距模型等[11-12]。比如，早期的研究工作中，Meeker 和 Escobar[21]针对某金属的疲劳裂缝增长数据采用 Paris 模型建立了退化过程模型，并给出了金属的寿命分布函数；Chan 等[23]采用幂律模型描述薄膜电阻的退化机理，建立了可靠性评估模型；Meeker 和 LuValle[25]采用反应论模型建立了绝缘材料中细导纤维增长退化模型，开展了电路板可靠性评估；Carey 和 Koenig[26]利用反应论模型基于加速退化数据建立了海底电缆组件的退化过程模型；Gertsbackh 和 Kordonskiy[27]最早对随机斜率/截距模型进行了研究，并且假设斜率和截距均服从正态分布且相互独立，推导得到产品寿命服从 Bernstein 分布。随机斜率/截距模型在产品性能退化建模中的研究文献较多，Tseng 等[28]研究了荧光灯管亮度的退化，冯静[29]描述了运载火箭发动机性能退化过程，Hamada[30]建立了激光亮度退化模型，Oliveira 和 Colosimo[31]分析了汽车轮胎的磨损退化，Freitas 等[32]研究了火车车轮直径的退化问题，Gebraeel 等[33]探讨了刹车片厚度的退化模型，Gopikrishnan[34]将上述模型由线性形式扩展到非线性情形，分别研究了随机斜率、随机截距以及随机斜率/截距三种不同情形下的退化可靠性建模方法。

在一般路径模型中，一旦确定了退化模型的类型，下一步就需要对随机效应退化模型中的参数进行估计。目前解决这一问题的方法主要有两阶段法和极大似然估计法（MLE）。Lu 和 Meeker[20]提出了参数统计推断的两阶段法：首先，针对各个样品分别拟合退化数据，估计退化模型参数；其次，利用求得的所有模型参数估计值的均值，求解总体的退化模型估计值。Su 等[35]考虑了产品单元测量次数随机的情形，发现此时两阶段最小二乘估计不是一致估计。与此相反，极大似然估计方法为一致估计且在小样本情形下统计效率更高。Weaver 等[36]也采用了极大似然估计法对模型参数进行估计，并且进一步研究了不考虑加速情形的退化测试，验证了子样大小对估计准确性的影响。

总的来说，一般路径模型有以下四种扩展方式：第一种方式是考虑不同应用问题下退化路径函数 $\mu(t)$ 的形式，即前面提到的 Paris 模型、幂律模型等各种退化模型。第二种方式是考虑退化模型中不同的测量误差结构，Lu 等[37]讨论了测量误差的方差不是常量的情形，Yuan 和 Pandey[38]进一步扩展假设方差是退化路径的函数，Lin 和 Lee[39]则进一步讨论了随机误差的情形。第三种方式是在模型中融合应力影响因素，主要目的是为了解决加速退化试验相应的数据问题。Meeker 等[40]考虑在模型［式（1-1）］中融合应力效应，协变量融合方式与随机过程模型相似，即假设模型参数是应力的函数，参数估计可以采用极大似然估计方法。第四种方式是基于贝叶斯（Bayes）方法利用参数的先验信息。Robinson 和 Crowder[41]讨论了一般路径模型的贝叶斯估计，主要工作就是为模型参数寻找合适的先验分布。Chen 和 Tsui[42]提出了两阶段退化模型，退化路径为线性分段函数且均值函数的变化时刻是随机的，利用历史退化数据获得模型参数的先验分布，进而采用贝叶斯方法求解模型参数的估计值。

1.2.1.2　随机退化模型

产品在使用过程中的性能退化往往是外因和内因共同作用产生的，外因是能量的作用，内因是材料的性能和状态发生了不可逆转的变化。因此，综合环境、应力、内部材料特性等诸多随机影响因素，产品的性能退化演变过程一般可以用一个随机过程进行描述。所以，随机过程是描述产品性能退化的有力工具，目前比较常用、形式简洁的随机过程有 Wiener 过程、Gamma 过程、逆高斯过程等。

（1）Wiener 过程模型

采用 Wiener 过程开展性能退化建模的原因较多。从物理失效机理角度看，很多产品在极小的时间间隔内的退化增量可以看作是大量微小的内外部影响的叠加作用。根据中心极限定理可知，这些退化增量可近似认为其服从正态分布，且在不相交的时间间隔内是互相独立的[43]。从这个意义上说，Wiener 过程模型可以很好地描述产品性能退化过程。线性 Wiener 过程模型 $\{X(t)；t \geq 0\}$ 一般可表示为

$$X(t) = \mu t + \sigma W(t) \tag{1-2}$$

其中，μ 是反映退化率的漂移系数，σ 是扩散系数，$W(t)$ 是标准布朗运动，已知 Wiener 过程的首次到达时（First Passage Time，FPT）的分布为逆高斯分布[44]。Chhikara 和 Folks[45-46]首次提出将逆高斯分布作为寿命分布，讨论了该分布的有关性质和参数估计方法。Doksum 和 Hóyland[47]首次将 Wiener 过程应用于工程领域，研究建立了产品退化的 Wiener 过程的可变应力加速寿命试验模型。模型［式（1-2）］为性能退化分析提供了重要基础，但考虑到工程应用实际情形，可对该模型做适当改进以满足不同问题的需求。模型［式（1-2）］通常有三种不同的表征方式，分别是带有测量误差、协变量和随机效应的 Wiener 过程模型。

1）带有测量误差的 Wiener 过程模型首先由 Whitmore 提出[48]，在基础模型中增加了误差项，即

$$Y(t) = X(t) + \varepsilon \tag{1-3}$$

其中，ε 代表误差项，且一般认为是相互独立的。比如，Tang 等[49]将该模型应用于锂离子蓄电池剩余寿命预测中；Ye 等[50]应用该模型对退化数据进行了深入分析；Peng 和 Tseng[51]研究了不同时间点随机测量量的协方差矩阵，并在此基础上拓展研究了带有测量误差的随机效应 Wiener 过程模型。

2）在许多工程应用中，环境应力对性能退化的影响较为显著。例如，在高电压下电缆的绝缘性退化会明显加速[52]。环境应力影响因素包括温度、湿度、振动、使用频率和样本大小等，这些影响因素统称为协变量。如果这些应力可以直接观测，那么就可以通过某种加速关系将它们融合到模型［式（1-2）］中。目前，大多数融合方法都是将性能退化参数看作是协变量的函数。例如，Doksum 和 Normand[53]采用 Wiener 过程描述生物化合物，假定 μ 是协变量的函数而 σ 是一个常数。Tang 等[54]、Liao 和 Tseng[55]以及 Lim 和 Yum[57]也采用这一假设开展了加速退化试验研究。漂移系数 μ 和应力之间的关系函数通常称为链接函数（Link Function），常用的链接函数如表 1-1 所示[43]，其中 s 表示应力，β_0 和 β_1 为模型参数。Doksum 和 Normand[53]以及 Tang 等[54]在退化数据转换中采用的是线性链接函数，Padgett 和 Tomlinson[58]则采用的是幂律函数，Liao 和 Tseng[55]则采用阿列纽斯关系函数描述温度对 LED 二极管退化过程的影响。

表 1-1　常用的链接函数

函数名称	函数表达式
线性关系函数	$h(s) = \beta_0 + \beta_1 s$
幂律关系函数	$h(s) = \beta_0 s^{\beta_1}$
阿列纽斯关系函数	$h(s) = \beta_0 e^{-\beta_1/s}$
反对数函数	$h(s) = \beta_0 + \beta_1 e^s/(1+e^s)$
指数关系函数	$h(s) = \beta_0 e^{\beta_1 s}$

事实上，产品的性能退化量往往随着应力发生改变，一般随着应力的增加而增大。为了得到应力与模型参数 μ 和 σ 的依赖关系，Whitmore 和 Schenkelberg[56] 采用两阶段法，应用自控加热电缆的退化数据和线性退化模型分别确立了动态变化应力与参数 μ 和 σ 的关系，研究结果表明，在测试温度增加的条件下，μ 和 σ 均会增大。Joseph 和 Yu[59] 采用了相似的方法开展了退化可靠性试验研究。Liao 和 Elsayed[60] 同样假设参数 μ 和 σ 是应力的递增函数，并将该模型应用于发光二极管的光线强度退化过程研究。以上研究通常假设 μ 和 σ 是相互独立的，否则模型中参数将会较多。为了减少模型参数，Peng 和 Tseng[61] 提出了协变量的累积爆炸模型，该模型假设在给定应力下持续作用时长等价于 $\rho_s \times t$，其中 t 为基本应力作用时长，ρ_s 表示依赖于应力 s 的尺度因子。

3）由于产品材质的初始缺陷、不可观测的使用模式等各种内因的影响，同样的产品观测到的退化现象和数据会有一定的差异。含随机效应的 Wiener 过程模型适用于处理此类性能退化问题。Peng 和 Tseng[51] 首次提出并深入分析了含随机效应的 Wiener 过程模型，他们假定不同产品单元具有不同的漂移系数 μ 和相同的扩散系数 σ，而且假设 μ 服从正态分布，使得含随机效应的模型更加易于分析计算。Meeker 和 Escobar[21] 发现这一模型非常适用于著名的砷化镓激光器退化数据建模。Si 等[62] 采用相似的随机漂移 Wiener 过程模型分析了惯性导航平台回转漂移数据。目前有关含随机效应的 Wiener 过程模型的相关文献较多，如 Tsai 等[63]、Si 等[64] 以及 Wang 等[65]。此外，利用 μ 服从正态分布，将贝叶斯定理应用到随机效应 Wiener 过程模型的文献也非常多，如 Bian 和 Gebraeel[66]、Liao 和 Tian[67] 以及 Bian 和 Gebraeel[68]。Peng 和 Tseng 假定 μ 服从偏正态分布，给出了更加一般的随机漂移过程模型。以上模型均假定所有产品的扩散系数 σ 为常数，而实际上不同产品单元的扩散系数会有所不同。Wang[69] 假定 σ 服从 Gamma 分布，建立了一种含随机效应的 Wiener 过程模型，并提出了模型参数的估计方法。

含随机效应的 Wiener 过程模型同样适用于不可观测的外因影响下系统退化过程建模。比如产品的使用率，一种简单的处理方法是假设产品的使用率是一个常量，且不同产品单元具有不同的使用率，此时随机效应模型就可以用于描述不同单元使用率的独特性。若使用率不能看作常量，则可以将产品的累积使用视为一个随机过程 $G(t)$，将模型［式（1-2）］中的时间尺度 t 用 $G(t)$ 代替，即采用随机时间尺度。Wang[70] 假定 $G(t)$ 是一个逆高斯过程，采用以上方法建立了含随机效应的 Wiener 过程模型。此外，也可以假定系统的运行环境是离散状态，分别对应不同的退化率，将系统所处的状态看作随机过程。Si 等[71]假设环境为两阶段马尔可夫链模型，基于 Wiener 过程建立了系统处于工作和储备两种状态下的退化模型。

（2）Gamma 过程模型

Gamma 过程模型也是当前系统退化可靠性建模研究中应用较为广泛的随机过程模型。由于 Wiener 过程模型的退化路径不具有单调性，而现实中许多高可靠、长寿命产品的退化过程是严格单调递增或递减的，如磨损、疲劳、腐蚀、油液颗粒浓度等累积损伤过程，此时采用 Wiener 过程建模就不太合理。与 Wiener 过程模型不同的是，Gamma 过程具有严格正则性，是严格单调的随机过程。事实上，Gamma 过程可以视为当泊松过程到达率趋于无穷大且跳跃尺度分布衰退至 0 时的复合泊松过程的极限[72-73]。这一属性在性能退化建模中具有重要意义，因为大多退化现象是由外部冲击引起的，而冲击过程可以描述为一个复合泊松过程。从这个意义上看，Gamma 过程可以很好地对退化过程进行近似，例如 Yuan[74]采用 Gamma 过程建立了核电站元件的退化过程模型。

与 Wiener 过程模型相似，协变量和随机效应同样可以融合到 Gamma 过程模型中。一般来说，融合协变量有两种常用方法，融合随机效应有一种常用方法。Bagdonavicius 和 Nikulin[75]采用添加累积损伤的方法将协变量融合到 Gamma 过程模型中，此方法与累积爆炸模型[61]相似。Park 和 Padgett[76]建立了加速应力情形下碳膜电阻退化过程模型和金属裂纹增长过程模型，并考虑了多个应力因素直接对上述模型进行拓展[77]。Lawless 和 Crowder[78]针对金属裂纹增长，采用另一种方法融合协变量，即假定 Gamma 过程模型中的尺度参数是协变量的函数。为了融合随机因素影响，Lawless 和 Crowder[78]同时假定不同产品单元的尺度参数是随机的且服从 Gamma 分布。

在 Gamma 过程模型中，如果已知应力的影响效果和形状参数的形式，那么就可以在收集性能退化数据的基础上，应用极大似然估计方法对参数进行统计推断。Bagdonavicius 和 Nikulin[75]以及 Lawless 和 Crowder[78]均对 Gamma 过程模型参数估计方法进行了研究，Van Noortwijk[73]对该问题进行了综述。当我们不知道 Gamma 过程的形状参数的形式时，则可以采用非参数估计方法，但由于参数过多将导致似然函数优化求解比较困难。为此，Wang[79]提出了一种伪似然函数法，该方法忽略了同一产品单元退化测量之间的依赖关系，采用一种新的算法实现伪似然函数的最大化。Wang[80]采用该方法进一步研究了具有 Gamma 分布随机效应的非齐次 Gamma 过程参数估计问题。Ye 等[81]提出将最大期望（Expectation-Maximization，EM）算法用于计算参数极大似然估计的估计量，并且发现该方法在误差和标准差方面比伪似然函数法更加有效。

在工程实践中，性能退化量的测量往往存在误差，如何对测量误差进行处理也是退化建模中需要考虑的问题。通常，测量误差是白噪声，不会随着时间的增加而累积。Kallen 和 Noortwijk[82]在 Gamma 过程模型中考虑了测量误差问题，采用直接积分的方法得到测量误差分布函数，并采用一些数值方法计算积分结果。但众所周知，高维积分计算比较困难，若采用粗略近似方法又会导致偏差较大。为此，Lu 等[83]提出采用粒子滤波方法和

EM算法过滤测量误差，Zhou等[84]采用蒙特卡罗仿真方法计算似然函数的最大值，研究结果表明这些方法更为有效。

（3）逆高斯过程模型

除了Wiener过程模型和Gamma过程模型以外，近年来还有一类随机过程模型也逐渐在性能退化可靠性建模中得到应用，即逆高斯过程模型，而且采用该模型来描述产品退化性能有时更为贴切。逆高斯过程模型很少用于性能退化建模，直到最近Wang和Xu[85]开展了相关研究。可能是缺少逆高斯过程的物理解释，导致可靠性工程人员不知如何、何时应用该过程开展性能退化过程建模。为填补这一空白，Ye和Chen[86]探索了这一过程的物理意义，他们发现逆高斯过程与Gamma过程相似，也是复合泊松过程的极限，但冲击尺度的分布有所不同。此外，逆高斯过程在融合协变量和随机效应方面比Gamma过程更加灵活，这一灵活性源于Wiener过程和逆高斯过程之间的关系，即Wiener过程的首次到达时的分布为逆高斯分布。因此，Wiener过程用于融合协变量和随机效应的方法均可拓展应用于逆高斯过程。尽管如此，有关逆高斯过程的性能退化可靠性评估文献仍然相对较少，其特点规律还需要进一步深化研究。

1.2.1.3　其他退化模型

除以上退化模型外，在系统退化可靠性评估研究领域还有其他类型的可靠性模型。一是延迟时间模型，该模型假定退化过程包括两个阶段，第一阶段是从产品开始运行到首次出现缺陷，第二个阶段是从缺陷开始到发生故障，这段时间就是延迟时间，Wang[87]对延迟时间模型研究现状进行了系统综述。二是冲击模型，该类模型聚焦随机冲击引起的累积损伤，主要包括极端冲击模型[88]、累积冲击模型[89]、混合冲击模型[90]和δ冲击模型[91]。Li和Luo[92]进一步考虑了马尔可夫冲击过程模型，冲击到达过程和随机冲击损伤均由马尔可夫过程决定。黄洪钟等[93]基于剩余强度衰减退化的非线性累积损伤准则，探讨了可靠性寿命预测问题。Nakagawa[94]针对冲击模型进行了详细探讨。三是连续时间马尔可夫模型，一般有两种基于马尔可夫链的建模方式，一种方式假定退化状态是有限离散的，随着使用时间的增加，退化状态逐渐向劣化状态转移，最终跳转到故障状态。依据转移时间分布是否服从指数分布，分别建立马尔可夫模型和半马尔可夫模型，该模型通常用于预防性维修决策，这方面相关研究文献较多，如Soro等[95]、Yin等[96]以及Zhong和Jin[97]等。另一种方式则假定退化环境具有马尔可夫性，Kharoufeh[98]、Kharoufeh和Cox[99]假定系统退化率依赖于随机环境并且随机环境的变化是一个稳定的连续时间马尔可夫链，Kharoufeh等[100]将其进一步扩展为半马尔可夫过程。系统退化状态或环境的观测值可能会融入测量误差因素，即带有测量误差的马尔可夫模型和半马尔可夫模型，分别称之为隐马尔可夫模型（HMM）和隐半马尔可夫模型（HSMM）。例如，Xu等[101]考虑一个动态系统的实时可靠性预计问题，退化过程是一个隐马尔可夫模型，采用粒子滤波方法预测系统的不可观测状态，给出可靠度预测值。Byon和Ding[102]应用隐马尔可夫模型建立了风力涡轮机多阶段性能退化模型。除此之外，其他的退化模型可以归类为各种数据驱动方法，即通过各种退化数据源直接确定系统的可靠度，主要包括小波分析、粒子滤波、卡尔曼滤波、机器学习、数据融合、模糊方法和数据驱动的统计方法等。其中，机器学习方法包括人工神经网络[103]、支持向量机[104]和贝叶斯网络[105]；数据融合技术主要通过融合各种退化数据以提高评估结果的准确性。

1.2.1.4 退化模型比较分析

综上所述，一般路径模型和随机过程模型在性能退化建模中应用最为广泛，这两种模型有其各自的优点和不足，具体分析如下：

1）一般路径模型的优点在于其模型和统计分析方法较为简单，融合随机效应较为灵活；不足之处是，对于某一具体产品，其退化过程是确定性过程，没有考虑到产品退化过程本身的随机性，存在对真实退化过程过度简化的问题，产品的失效时间可以认为是确定性的。

2）随机过程模型充分考虑了产品个体差异和产品状态随时间的变化过程，是解决退化过程建模中固有随机性和环境因素影响的最佳选择，能够较好地刻画产品性能退化过程。但是，大多数随机过程模型都非常复杂，工程上不便使用和处理。因此，随机过程模型用于性能退化建模一般需满足以下三个要求：一是具有清楚的物理解释；二是容易理解和使用；三是具有较好的性质，如数学性质，易于融合先验信息、灵活处理协变量和随机效应。Wiener 过程模型、Gamma 过程模型、逆高斯过程模型均满足上述三个要求，是开展产品性能退化建模的较好途径。

此外，延迟时间模型、冲击模型和马尔可夫模型等其他模型也有各自的优点和不足，这里不再赘述。因此，在工程实际中，必须根据产品性能退化过程的不同特点，选择合适的退化模型开展可靠性建模和评估工作。

1.2.2 其他相关问题研究现状

1.2.2.1 多性能退化可靠性建模与评估问题

当前，在基于性能退化的可靠性评估研究中，往往选择产品关键性能参数中的一个作为直观表征参数，其失效模式可视为一元退化失效。然而，许多产品涉及多个关键性能参数且关联性较强，这些性能参数都可能随着产品运行发生退化，当其中某一性能参数达到其相应阈值时，产品即面临失效。

Huang 等[130]针对多性能退化参数相互独立的情形开展了可靠性评估研究。对于性能参数之间相关的情形，Lu 等[131]研究了多性能参数退化的实时可靠性预计问题，并给出了可靠度求解方法。Wang 等[132]给出了单调退化产品在退化量服从多元高斯过程时，联合密度函数的估计方法。为解决实际应用中联合密度函数不易求解问题，Sari 等[133]和 Zhou 等[134]采用 Copula 函数描述性能退化过程之间的相关性。Xu 等[135]将性能参数看作产品失效的协变量，采用 Logistic 方程描述多性能参数与产品失效之间的关系，进行实时可靠性预计。Pan 等[136]针对两个性能参数相关情形，建立了基于 Gamma 过程的二元退化模型，并利用二维 Birnbaum - Saunders 分布及其边际分布建立了产品寿命模型。魏星[137]考虑退化量服从正态分布，建立了多性能参数退化量独立和相关情况下的可靠性计算模型。

综上所述，目前的多性能退化可靠性建模研究工作主要针对多个参数退化规律一致的情形开展。由于参数之间相关性描述存在困难，当前大部分工作都是基于正态性假设，用多维正态分布对多个退化参数进行建模。实际上，许多产品的多个性能参数的退化规律并不一致，进行简单的正态性假设也不合理，而且如果将多性能退化与动态失效阈值等因素综合考虑，问题将变得更加复杂，需要进一步深化研究。

1.2.2.2　动态阈值系统退化可靠性建模与评估问题

进行退化失效建模时，失效阈值往往认为是一个固定值，但在有些情况下失效阈值是动态变化的，可能是一个随机变量或比例函数，阈值的形式决定了首达时分布及其可靠度函数，失效阈值研究已经成为退化可靠性建模与评估研究的热点问题。例如，针对不同的用户使用需求，产品的失效阈值也不尽相同，动态运行环境下采用比例函数或随机变量来描述失效阈值更为合适。此外，应力-强度随机退化干涉模型也要求使用随机变量来描述失效阈值。Xue 和 Yang[106]研究了应力与强度相互独立的情形下，随机离散应力与退化强度的应力-强度干涉失效问题。Wang[107]探讨了多应力情形下的不确定型失效阈值问题，给出了基于仿真的失效分布求解方法。在此基础上，Wang[108]进一步建立了随机不确定型失效阈值下的系统退化可靠性评估模型。Xie 等[109]研究了确定性应力和随机强度退化的应力-强度干涉模型，Lewis 和 Chen[110]研究了随机应力与确定性强度退化的应力-强度干涉失效问题，Huang 和 Askin[111]假设应力和强度独立，研究了随机离散应力与退化强度的应力-强度干涉失效问题。赵建印[112]给出了相对失效阈值下的退化失效分析方法，建立了可靠性评估模型。Lehmann[113]在其研究工作中对退化阈值冲击模型进行了专门的分析。

从现有文献分析来看，目前关于动态失效阈值的研究相对较少，对动态阈值的刻画也比较简单，多数研究简单地认为动态阈值仅仅满足某一函数关系，但是对于线性失效阈值、区域失效阈值、随机阈值等特殊情形下的性能退化问题研究几乎还是空白，需要进一步系统深化研究。

1.2.2.3　可校正系统退化可靠性建模与评估问题

校正（Calibration）在机械工程和测量仪器中经常被使用，例如，很多电子系统在实际工作过程中会产生误差，为了减小此类误差的影响，系统会进行周期性的校正。在基于性能退化数据的建模过程中，一般假设性能退化量呈现单调变化的趋势，但这种周期性的校正会改变性能退化量的部分趋势和演化特点。Kong 和 Cui[114]首次构建了多阶段可校正系统的退化可靠性评估模型，采用贝叶斯方法对模型参数进行估计。Cui 等[115]建立了基于 Wiener 扩散过程的可校正系统退化模型，构建的光滑函数解决了校正导致的漂移函数不连续问题。Huang 等[116]将多阶段可校正系统退化模型进一步拓展到随机阈值情形，采用仿真方法对系统可靠性进行了评估。从现有文献分析可知，有关定期校正系统性能退化建模的研究文献相对较少，相关研究刚刚起步，迫切需要将多性能、动态阈值、多阶段等与系统校正行为综合考虑，结合工程实践开展更加深入系统的研究。

1.2.2.4　多阶段系统退化可靠性建模与评估问题

由于微观失效机理的阶段性、系统多任务运行要求以及环境条件和工作模式的动态变化，使得系统运行表现出多阶段性，且在不同阶段产品性能的变化具有明显不同的统计特征。例如，蓄电池退化分为初期快速下降、降速减缓、多次充放电后降速进一步减缓和容量接近初值的 80% 时迅速下降等多个阶段。半导体激光二极管和真空荧光屏的退化分为明显的三个阶段，Agrawal 和 Dutta[117]，Bae 和 Kvam[118-119] 针对该问题开展了深入研究。此外，Ponchet 等[120] 和 Feng 等[121] 分析研究了高电压脉冲电容器和桥梁的多阶段退化问题。

目前，对多阶段退化产品的研究主要集中在退化过程建模方面，但与单阶段退化过程建模不同的是，多阶段退化过程建模问题更为复杂，例如，Ng[122] 对多阶段退化模型中复杂的参数统计推断进行了研究。目前，多阶段退化模型主要有分段线性退化轨迹模型、Wiener 过程模型和复合 Poisson 过程模型等。在建模方法上，一般采用退化过程似然函数参数估计方法、极大似然 EM 算法、以信息缺失原理为基础的协方差矩阵估计法、Wiener 退化过程的首达时分析法以及仿真分析方法。Lindqvist 和 Skogsrud[123] 研究了多阶段系统的首达时问题，Li 和 Pham[124] 深入研究了多竞争失效和冲击条件下的多阶段退化问题，建立了退化可靠性评估模型。

国内有关多阶段系统退化可靠性评估的研究文献较少，主要侧重于多阶段任务系统的可靠性评估问题。陈玉波等[125] 从任务可靠性的角度描述了多阶段任务系统（PMS）可靠性，并结合可用度、可信度等参数建立了评估模型；刘斌和武小悦[126] 针对反导系统的可靠性评估问题，建立了各阶段任务的贝叶斯网络任务可靠性模型和求解方法。姚增起[127] 研究了系统退化和系统可靠性问题，王小林等[128] 研究了基于分阶段的 Wiener – Einstein 过程设备的实时可靠性评估问题，刘隆波等[129] 考虑了船用热力系统设备性能退化多阶段任务可靠性评估等。

1.2.2.5　系统退化可靠性评估的敏感性问题

敏感性分析是系统建模的重要环节之一，通过敏感性分析可以洞察模型结构本质、获取模型输入变量对输出结果的影响程度，促进模型不断完善以更加符合工程实际。敏感性分析在运筹决策等管理工程问题建模中应用最为广泛，相关文献较多，Filippi[138] 对线性规划中的敏感性问题进行了总结，Borgonovo 和 Plischke[139] 对敏感性分析的最新研究进展进行了全面综述，并将其划分为局部敏感性分析和全局敏感性分析两类方法。局部敏感性分析聚焦模型输入空间中感兴趣的某个点，在确定性框架下开展研究，即不考虑模型输入参数的概率分布情形，常用方法有敏感性分析、龙卷风图、一步敏感性函数、情景分解、微分求解和筛选等方法。全局敏感性分析假设模型输入服从某一概率分布，常用方法有线性回归、方差分析、不变量转换和蒙特卡罗滤波等方法。

当前，有关可靠性评估敏感性分析的研究大多聚焦于部件重要度问题研究。Birnbaum[140] 首次提出了可靠性重要度概念，Fussell[141] 提出了割集重要度概念，Aven 和 Nøkland[142] 对可靠性和风险评估中的不确定重要度的应用问题进行了系统性综述。鉴于敏感性分析对系统退化建模的重要价值，必须进一步深化可靠性评估的敏感性分析研究，特别是模型参数对可靠度的影响规律和影响程度，进而为退化模型的改进完善和系统可靠性的提升提供理论基础和决策依据。

综上所述，当前国内外在基于性能退化的可靠性建模与评估方法研究领域，虽然取得了丰硕的研究成果，但在多性能、动态阈值系统和可校正系统等方面的研究相对较少，还需要进一步深化研究。因此，本书将聚焦相关系统，综合考虑多阶段、多性能、竞争失效以及敏感性等相关因素，开展系统退化过程建模与评估方法研究。

1.3　基于性能退化的可靠性建模与评估基本理论

1.3.1　基于性能退化的可靠性建模与评估基本过程

基于性能退化的可靠性评估过程主要包括性能退化过程建模与分析、寿命分布建模与分析两个阶段[12]，如图 1-1 所示。性能退化过程建模与分析阶段主要包括失效机理与模式分析、退化量确定、退化试验设计与分析、退化数据分析处理、退化过程模型确定；寿命分布建模与分析阶段主要包括失效阈值确定、失效概率计算、寿命分布建模与计算。鉴于 1.2 节对退化过程模型研究现状已进行了详细阐述，以下将重点对失效机理与模式分析、退化数据分析处理、失效阈值确定及寿命分布建模与计算等内容进行重点介绍。

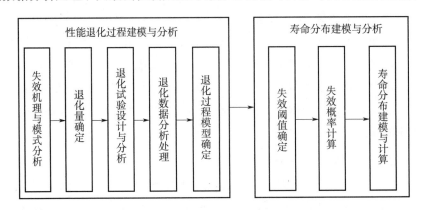

图 1-1　基于性能退化的可靠性评估基本过程

1.3.2　失效机理与模式分析

失效机理大致可分为过应力机理和耗损型机理两大类[11]。在第一种机理中，当应力超过产品所能承受的强度时就会发生失效；在第二种机理中，不论是否导致失效，应力都会造成一定的损伤且损伤会逐渐累积，此损伤累积可能会导致功能逐渐退化，或内部材料、结构等抗应力的某种强度发生退化，当这种强度或功能退化到一种程度时，随即失效。由于导致产品失效的原因有很多，主要有产品本身的制造缺陷、设计不当、使用不当及其他因素，所以失效机理分析方法应按照是否对系统造成破坏作用，分为非破坏性分析方法、半破坏性分析方法和破坏性分析方法。

失效模式是指失效的外在宏观表现形式和过程规律，一般可理解为失效的性质和类型。失效模式可以通过观察或测量得到，如开路、短路、参数漂移、不稳定等。失效模式是失效现象的表现形式，与产生原因无关。针对失效模式的过程描述一般可以分为突发失效和退化失效两种，比如开路、短路是瞬时发生的（硬失效、突发型），参数漂移则是缓慢变化的（软失效、退化型）。如图 1-2 所示，其中"1"表示产品具有某规定功能的状态，"0"表示产品不具有该功能的状态，D 为退化失效阈值，可能是一个确定值，也可能是一个随机变量，由工程实际情况决定。

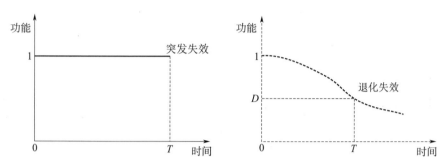

图 1-2 突发失效与退化失效示意图

1.3.3 退化数据分析处理

若从总体中随机抽取 n 个样本，可以在试验、使用过程获取退化数据。以试验为例，根据试验采用的方法，性能退化数据的获取可分为非破坏性观测和破坏性观测两种情况。

（1）非破坏性观测

此时，可进行多次试验，多次测量。在 $t_1 < t_2 < \cdots < t_m$ 时刻分别对第 j 个样品进行测量，共测量 m 次，则得到的失效退化数据为

$$\{x_{i,j}, i=1,2,\cdots,m, j=1,2,\cdots,n\}$$

（2）破坏性观测

此时，一个产品只能测量一次，测量之后产品就丧失其功能。假设在 $t_1 < t_2 < \cdots < t_m$ 时刻进行测量，把 n 个样品分为 m 组，各组样品数分别为 n_1，n_2，$\cdots$，n_m，在 t_i 时刻对第 j 个组的 n_i 个样品进行测量，性能退化数据记为

$$\{y_{i,j}, i=1,2,\cdots,m, j=1,2,\cdots,n_i\}$$

需要注意的是，退化数据既包含性能退化数据，还可能包含环境条件数据和运行模式数据等，不仅数据量大，而且可能存在不同的采样频率和采样时间，需要进行有效的预处理，以保证后续数据分析和建模的有效性。此外，退化数据的高维特征还存在较大的相关性和冗余，影响识别的准确性。因此，为了提高评估准确率，降低计算工作量，特征降维就显得异常重要。特征选择和特征提取是特征降维的两种主要方式。特征选择是选出有用的或重要的特征，而抛弃其他的特征；特征提取则是根据原来的特征空间再建一个新的相对低维的特征空间。常用的特征降维方法有主成分分析法和因子分析法。

1.3.4 失效阈值确定

在获得产品退化过程模型后，为进行可靠性评估与分析，首先必须确定退化失效的界

限，即确定退化量处于"正常"状态的取值集合 Ω，该集合的边界则称为失效阈值。一般来说，退化特征参数的变化分为两种：一种是单侧下限参数，如材料强度等随时间延长呈下降趋势，为保证可靠性需控制其下限值；另一种是单侧上限参数，如密封结构的泄漏量等随时间延长呈上升趋势，为保证可靠性需控制其上限值。工程实践中，失效阈值的类型往往比较复杂，除可按动态失效阈值和静态失效阈值区分外，还可进一步细分为以下四类：

1）绝对失效阈值：随着工作时间的延长，当退化量（特征参数值）超过给定数值即判定为失效状态时，此时失效阈值称为绝对失效阈值。

2）相对失效阈值：随着工作时间的延长，当退化量（特征参数值）与初始退化量（特征参数值）的比例超过给定数值即判定为失效状态时，此时失效阈值称为相对失效阈值。

3）随机失效阈值：当判断系统失效的退化量的临界值（特征参数临界值）是通过随机变量的形式给出时，类似于模糊或者其他不确定性情形，此时失效阈值称为随机失效阈值。

4）复合失效阈值：对于多元退化模型，各个退化量（特征参数）的失效阈值类型可能并不完全相同，此时失效阈值称为复合失效阈值。

1.3.5 寿命分布建模与计算

在性能退化可靠性建模评估中，失效是指时刻 t 的性能退化量 $X(t)$ 首次达到预先确定的失效阈值 D，据此可以确定产品寿命 T 的分布 $F(t)$

$$F(t) = P\{T \leqslant t\} = F(t, \theta_\beta)$$
$$= \begin{cases} P\{X(t, \beta_1, \beta_2, \cdots, \beta_k) \geqslant D\}, \text{当 } X(t) \text{ 是 } t \text{ 的增函数} \\ P\{X(t, \beta_1, \beta_2, \cdots, \beta_k) \leqslant D\}, \text{当 } X(t) \text{ 是 } t \text{ 的减函数} \end{cases}$$

显然，寿命分布依赖于模型参数 $\boldsymbol{\beta} = (\beta_1, \beta_2, \cdots, \beta_k)$。

依据退化轨迹和模型参数特点，$F(t)$ 的求解一般有以下几种途径[11-12]：

（1）直接解析法

该方法适用于比较简单的退化轨迹模型，尤其是有且仅有一个随机参数的情形，如 $X(t) = \beta_1 + \beta_2 t$，其中 β_1 为固定参数，β_2 为随机参数，此时根据 β_2 的分布形式易于求得 $F(t)$ 的解析解。

（2）数值积分求解法

对于随机参数有两个或两个以上的退化轨迹模型，例如退化轨迹 $X(t, \beta_1, \beta_2)$ 为 t 的增函数，且 (β_1, β_2) 服从某一给定的分布，此时采用二重积分即可求解 $F(t)$。

（3）蒙特卡罗仿真求解法

为避免方法（2）中多重积分计算的复杂性，可以采用蒙特卡罗随机模拟方法，例如，假定模型参数 $(\beta_1, \beta_2, \cdots, \beta_k)$ 服从某一给定的分布，依据 $F(t)$ 的定义即可获得其估计值。

（4）伪寿命数据估计法

该方法比较适合于线性退化轨迹，一般分两步进行：第一步是预测每个产品单元超过失效阈值的时间，即求解伪失效时间；第二步将得到的所有伪失效时间作为样本，求解 $F(t)$ 的估计值。该方法的具体步骤详见参考文献 [11]。

1.4 相关概念与定理

由于本书在系统退化可靠性建模与评估研究中，需要应用随机过程的基本理论。因此，本节将首先介绍 Wiener 过程、Gamma 过程和逆高斯过程等随机过程的有关定义和经验结论，然后简要阐述维修度和 Kijima 模型，为系统退化过程建模提供理论参考，最后给出常用的分布、定理和可靠性的相关基本概念。

1.4.1 退化建模中常用的随机过程

1.4.1.1 Wiener 过程

Wiener 过程是一种连续时间随机过程，也称为"布朗运动"，以下给出一元 Wiener 过程的定义。

定义 1.1[143]　如果一个连续时间随机过程 $\{X(t)，t \geqslant 0\}$ 满足：

1) $X(0)=0$；

2) $\{X(t)，t \geqslant 0\}$ 具有平稳独立增量；

3) 对每个 $t > 0$，$X(t)$ 服从正态分布，均值为 0，方差为 $\sigma^2 t$。则称 $\{X(t)，t \geqslant 0\}$ 为 Wiener 过程。

当 $\sigma=1$ 时，称之为标准 Wiener 过程，常记为 $\{B(t)，t \geqslant 0\}$ 或 $\{W(t)，t \geqslant 0\}$。

若条件 3) 中 $X(t)$ 的均值为 μt，则 $\{X(t)，t \geqslant 0\}$ 是漂移系数为 μ，扩散系数为 σ 的 Wiener 过程，可表示为

$$X(t)=\mu t + \sigma W(t)$$

对于多维的情形，我们记 k 维随机向量 $\boldsymbol{X}(t)=(X_1(t)，X_2(t)，\cdots，X_k(t))^{\mathrm{T}}$，如果多元连续随机过程 $\{X(t)，t \geqslant 0\}$ 满足以下性质：

1) 时刻 $t + \Delta t$ 和时刻 t 之间的增量服从 k 维正态分布

$$\boldsymbol{X}(t + \Delta t) - \boldsymbol{X}(t) \sim N(\boldsymbol{\mu} \Delta t，\Delta t \boldsymbol{\Sigma})$$

2) 对任意两个不相交的时间区间 $[t_1，t_2]$，$[t_3，t_4]$，$t_1 < t_2 \leqslant t_3 < t_4$，增量 $\boldsymbol{X}(t_4) - \boldsymbol{X}(t_3)$ 与 $\boldsymbol{X}(t_2) - \boldsymbol{X}(t_1)$ 相互独立。

3) $\boldsymbol{X}(0)=(0，0，\cdots，0)^{\mathrm{T}}$ 并且 $\boldsymbol{X}(t)$ 在 $t=0$ 右连续。

则称 $\{\boldsymbol{X}(t)，t \geqslant 0\}$ 为 k 维 Wiener 过程，参数 $\boldsymbol{\mu}$、$\boldsymbol{\Sigma}$ 分别称为均值向量与协方差矩阵，通常记为

$$\boldsymbol{\mu} = (\mu_1, \mu_2, \cdots, \mu_k)^{\mathrm{T}}, \boldsymbol{\Sigma} = \begin{pmatrix} \sigma_1^2 & \rho_{12}\sigma_1\sigma_2 & \cdots & \rho_{1k}\sigma_1\sigma_k \\ \rho_{12}\sigma_1\sigma_2 & \sigma_2^2 & \cdots & \rho_{2k}\sigma_2\sigma_k \\ \vdots & \vdots & \ddots & \vdots \\ \rho_{1k}\sigma_1\sigma_k & \rho_{2k}\sigma_2\sigma_k & \cdots & \sigma_k^2 \end{pmatrix}$$

其中，ρ_{ij} 为分量 $X_i(t)$，$X_j(t)$ 之间的相关系数，i，$j=1$，2，$\cdots$，k，$i \neq j$。

1.4.1.2　Gamma 过程

Gamma 过程具有独立的非负增量，其定义如下：

定义 1.2[12]　　如果一个连续时间随机过程 $\{X(t)$，$t \geq 0\}$ 满足：

1）$X(0) = 0$ 以概率 1 成立；

2）$X(t)$ 具有平稳独立增量；

3）对任意 $t \geq 0$ 和 Δt，$X(t + \Delta t) - X(t) \sim Ga(\alpha \Delta t, \beta)$，其中，$Ga(\alpha, \beta)$ 是形状参数 $\alpha > 0$，尺度参数 $\beta > 0$ 的 Gamma 分布，其分布密度函数为

$$f(x \mid \alpha, \beta) = \frac{1}{\Gamma(\alpha)\beta^\alpha} x^{\alpha-1} \mathrm{e}^{-x/\beta} I_{(0,\infty)}(x) \qquad (1-4)$$

上式中，$\Gamma(\alpha) = \int_0^\infty x^{\alpha-1} \mathrm{e}^{-x} \mathrm{d}x$ 为 Gamma 函数，而

$$I_{(0,\infty)}(x) = \begin{cases} 1, x \in (0, \infty) \\ 0, x \notin (0, \infty) \end{cases}$$

则随机过程 $\{X(t)$，$t \geq 0\}$ 称为形状参数 $\alpha > 0$，尺度参数 $\beta > 0$ 的 Gamma 过程。

1.4.1.3　逆高斯过程

逆高斯过程具有独立的非负增量，定义如下：

定义 1.3[86]　　如果一个连续时间随机过程 $\{X(t)$，$t \geq 0\}$ 满足：

1）$X(t)$ 具有独立增量；

2）对任意 $t \geq 0$，$X(t) \sim IG(\mu\Lambda(t), \lambda\Lambda(t)^2)$，其中 $\Lambda(t)$ 是关于时间 t 的非负单调递增函数，其时刻 t 的概率密度函数表示为

$$f_{IG}(t; \mu\Lambda(t), \lambda\Lambda(t)^2) = \left(\frac{\lambda\Lambda(t)^2}{2\pi t^3}\right)^{1/2} \exp\left(-\frac{\lambda(t - \mu\Lambda(t))^2}{2\mu^2 t}\right), t > 0, \mu > 0$$

换言之，$X(t)$ 的增量服从逆高斯分布

$$X(t_i) - X(t_{i-1}) \sim IG(\mu(\Lambda(t_i) - \Lambda(t_{i-1})), \lambda(\Lambda(t_i)^2 - \Lambda(t_{i-1})^2))$$

则称 $\{X(t)$，$t \geq 0\}$ 为逆高斯随机过程（Inverse Gaussian Process）。

注：逆高斯分布的概率密度函数为

$$f_{IG}(x; a, b) = \left(\frac{b}{2\pi x^3}\right)^{1/2} \exp\left(-\frac{b(x-a)^2}{2a^2 x}\right), a, b, x > 0$$

1.4.2　维修度与 Kijima 模型

1988 年，Kijima 等[144]首次提出了基于虚拟寿命的维修模型，并采用该模型来描述系统的老化过程，1989 年，Kijima[145]又对该模型进行了扩展，提出了两类重要的虚拟寿命

模型，孙青[146]和 Cui[147] 研究建立了基于 Kijima 虚拟寿命的维修模型。Kijima 模型一般假定系统的维修时间可忽略不计，维修度用 A_n 表示，$0 \leqslant A_n \leqslant 1$，系统初始虚拟寿命为 0，且在第 n 次维修后的虚拟寿命为 V_n^+，第 $n-1$ 次失效与第 n 次失效之间的时间间隔为 X_n，两类 Kijima 维修模型具体描述如下：

（1）Kijima 维修模型 I

此时，假设系统在第 n 次维修后，虚似寿命与前一次维修后相比仅增加了 $A_n X_n$，即

$$V_n^+ = V_{n-1}^+ + A_n X_n \tag{1-5}$$

维修模型示意图如图 1-3 所示，从图中可知，第 n 次维修仅按比例减少了第 $n-1$ 次维修后相应的虚拟寿命，可以看作向下平移，维修后的寿命等于前一次维修后点 B 的虚拟寿命。

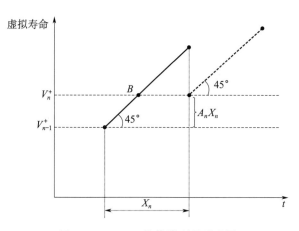

图 1-3　Kijima 维修模型 I 示意图

（2）Kijima 维修模型 II

此时，假设系统在第 n 次维修后，虚似寿命变化为

$$V_n^+ = A_n (V_{n-1}^+ + X_n) \tag{1-6}$$

维修模型示意图如图 1-4 所示，从图中可知，第 n 次维修后虚拟寿命同时与第 $n-1$ 次维修后的虚拟寿命和时间间隔相关，可以看作向右平移，维修后的寿命等于前一次维修后点 B' 的虚拟寿命。

从 Kijima 维修模型 I 和模型 II 可知，当维修度 $A_n = 0$ 时，系统为最大维修，即维修相当于更新；当 $A_n = 1$ 时，系统为最小维修，即维修前后虚拟寿命保持不变。Kijima 维修模型的应用非常广泛，本书第 4 章将应用该模型相关思想建立可校正系统的退化模型。

1.4.3　常用分布、定理及基本概念

（1）$[a, b]$ 区间上的 Beta 分布

我们知道，Beta 分布随机变量一般在区间 $[0, 1]$ 取值，将其扩展到任意 $[a, b]$ 区间，定义如下：

定义 1.4　若随机变量 X 的密度函数

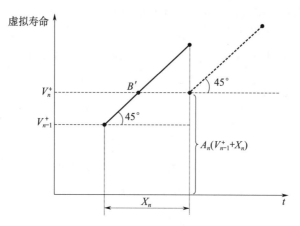

图 1-4   Kijima 维修模型 II 示意图

$$f(x) = \begin{cases} \dfrac{1}{(b-a)B(\alpha,\beta)}\left(\dfrac{x-a}{b-a}\right)^{\alpha-1}\left(\dfrac{b-x}{b-a}\right)^{\beta-1}, & a < x < b \\ 0, & \text{其他} \end{cases}$$

其中，$B(\alpha,\beta) = \int_0^1 x^{\alpha-1}(1-x)^{\beta-1}\mathrm{d}x$，$\alpha > 0$，$\beta > 0$ 都是分布参数，则称 X 服从 $[a,b]$ 区间上的 Beta 分布，记 $X \sim Be_{[a,b]}(\alpha,\beta)$。

（2）共轭先验分布

定义 1.5[148]   设 θ 是总体参数，$\pi(\theta)$ 是其先验分布，若对任意的样本观测值得到的后验分布 $\pi(\theta\mid X)$ 和 $\pi(\theta)$ 属于同一分布族，则称该分布族是 θ 的共轭先验分布（族）。

（3）可靠度 $R(t)$ 和不可靠度 $F(t)$

若用非负随机变量 T 表示系统的寿命，则可靠度

$$R(t) = 1 - P(T \leqslant t)$$

其中，$t \geqslant 0$，$0 \leqslant R(t) \leqslant 1$。

系统从零时刻开始工作到时刻 t 的累积失效概率，即为不可靠度

$$F(t) = P(T \leqslant t) = 1 - R(t)$$

所以，可靠度的定义为系统在规定的条件下，在规定的时间内，能够完成规定功能的概率。

（4）Itô 定理

定理 1.1[143]   如果 $f(t,x)$ 是二次连续可微函数，则对任意 t，有

$$\mathrm{d}f(t,W(t)) = \left(\frac{\partial f}{\partial t} + \frac{1}{2}\frac{\partial^2 f}{\partial x^2}\right)\mathrm{d}t + \frac{\partial f}{\partial x}\mathrm{d}W(t)$$

上式称为布朗运动的 Itô 定理或 Itô 公式。

（5）Backward Kolmogorov 算子

考虑 n 维 Itô 过程 $\mathrm{d}x_i = a_i(t)\mathrm{d}t + \sum\limits_{j=1}^{m} b_{ij}(t)\mathrm{d}W(t)_j$，$i = 1, 2, \cdots, n$，其中，$a_i(t)$ 和 $b_{ij}(t)$ 为连续函数，$f(\boldsymbol{x},t) = f(x_1, x_2, \cdots, x_n, t)$ 为二次连续可微函数，则

$$L_x^* f(\boldsymbol{x},t) = \sum_{i=1}^{n} \sum_{j}^{m} \sigma_{ij}(t) \frac{\partial^2 f(\boldsymbol{x},t)}{\partial x_i \partial x_j} + \sum_{i=1}^{n} a_i(t) \frac{\partial f(\boldsymbol{x},t)}{\partial x_i} \tag{1-7}$$

且扩散矩阵元素为

$$\sigma_{ij}(t) = \frac{1}{2} \sum_{k=1}^{m} b_{ik}(t) b_{jk}(t)$$

式 （1-7） 中的 L_x^* 即为 Backward Kolmogorov 算子[149]。

第 2 章　基于随机过程的系统退化可靠性基础模型

系统在运行过程中会产生性能退化，外因是外部能量的作用，内因是材料性能和状态发生的不可逆转的变化。由于环境、应力、内部材料特性等诸多随机因素的影响，该演变过程一般是一个随机过程。因此，随机过程模型是描述复杂系统性能退化的有力工具，本章主要介绍基于随机过程的基础理论和可靠性建模方法，分别采用退化轨迹、退化分布、Poisson 过程、Wiener 过程、Gamma 过程以及逆高斯过程等研究系统退化可靠性模型。

2.1　基于退化轨迹的系统退化可靠性模型

退化轨迹模型是较为直观并且较早被研究的一类退化过程模型，它主要根据退化数据的直观表现，建立拟合的退化函数，通过引入随机项来表征系统性能的退化过程，包括线性轨迹、非线性轨迹等类型。相对典型的轨迹模型有线性轨迹模型、Paris 模型、随机斜率模型、幂律模型、反映论模型等。

（1）一般轨迹退化模型

一般轨迹退化模型是基于性能退化的可靠性建模研究早期使用的较为简单的一种模型，该模型最早由 Lu 和 Meeker 提出[20]，假定某性能参数的退化量为 $X(t)$，表示为

$$X(t) = \mu(t) + \varepsilon$$

其中，t 为时间（也可以是循环次数等）；$\mu(t)$ 表示依赖于某些随机影响因素的真实退化轨迹；ε 表示测量误差（或者是系统退化的随机项），一般服从均值为 0 的正态分布。如果 $\mu(t) = at$ 是关于时间的线性函数，那么可以直观描述系统的退化（呈现出递增或者递减的趋势）。更进一步，$\mu(t)$ 也可以是其他类型的表达式，相关研究者根据系统实际的失效物理、化学过程，建立了其他类型的轨迹退化模型，这些模型有着更为丰富的物理意义，指导了系统可靠性的评估和试验设计，比如以下的 Paris 模型、幂律模型等。

（2）Paris 模型

1963 年，Paris 等人针对疲劳裂纹的扩展过程及其扩展裂纹曲线，提出了原始的裂纹扩展公式，后续研究者经过深入研究形成了拓展的裂纹增长公式

$$\frac{\partial X(t)}{\partial t} = C\,(\Delta K(X(t)))^{m}$$

其中，$X(t)$ 表示裂纹宽度；$C > 0$、$m > 0$ 为材料、元器件相关的特性参数；$\Delta K(X(t))$ 为 $X(t)$ 的应力强度函数，该参数依赖于所施加应力及元器件的几何尺寸和结构特性，比如可以取 $\Delta K(X(t)) = X(t_0)$。

根据上述裂纹扩展公式，可以在该模型基础上，进行参数的增减和模型的修正，使其根据材料、结构特性等要素，构建更为合理、贴近真实退化过程的退化模型，比如

Walkers 模型、Forman 模型等。

（3）幂律模型

幂律模型常用于分析系统的腐蚀过程，也是退化量与时间的关系模型，且是单调变化的，即系统的性能参数随工作、存储时间的增加而单调劣化，可以用以下公式进行描述

$$X(t) = \alpha t^{\beta}, \alpha > 0, X(t) > 0$$

其中，$X(t)$ 为退化量，α，β 为退化模型的参数，α 是与工作环境相关的退化系数，β 为退化模型曲线的形状参数，该参数与产品的材料构成相关。因此，该退化量是时间 t 的幂函数，所以称该退化模型为幂律模型。

根据实际问题，也可以对幂律模型进行变换或者拓展，扩展到阿伦尼乌斯模型或扩展指数模型，当 $\beta = 1$ 时就是简单线性退化模型。

（4）反应论（指数退化率）模型

当产品的构成材料和元器件的退化是由明显的物理、化学过程造成时，这些过程累积到一定程度后会引发系统失效，这种物理、化学因素导致的退化过程，可以用下述公式表述

$$X(t) = X(t_0) + \exp(\Lambda(t))$$

其中，$X(t_0)$ 是系统某性能参数的初始状态值；$\Lambda(t)$ 是时间 t 的函数，可以是简单线性函数，比如 $\Lambda(t) = \alpha t$。该模型主要应用于描述材料的腐蚀、磨损等退化过程。

以上四种退化模型中相关参数大都可视为未知参数，也可根据工程实际需要进行组合分析，使构建的模型具有多种表现形式，更加贴近工程实际。

根据以上模型进行可靠性评估时，首先需要获取可靠性数据，并进行简单的统计分析，比如回归分析、最小二乘法等，即可获取模型未知参数的估计值，然后根据参数估计值以及失效阈值进行可靠度的分析，得到系统的预计失效时间等可靠性指标。

2.2　基于分布函数的系统退化可靠性模型

批量产品的退化轨迹是不可能完全一致的，当产品性能的退化量在时间集上服从某一分布时，这时一般轨迹模型不能完全刻画产品在任意时刻相关参数退化量的分布。但是我们可以将一般轨迹模型中的未知参数视为随机变量，进而将随机变量视为时间 t 的函数，这样就可以表征产品性能在时间 t 的多样本随机退化特性。此时，在时间集上的退化量的分布就组成了一个分布族。当不同类型产品的退化过程不同时，就可以有多个退化分布模型，构成形式如下

$$X(t) = A(\boldsymbol{\theta}(t))$$

其中，$A(\boldsymbol{\theta}(t))$ 是由参数向量 $\boldsymbol{\theta}(\cdot)$ 表征的随机变量，同时参数向量 $\boldsymbol{\theta}(\cdot)$ 的各参数随时间 t 的变换而变化。$A(\boldsymbol{\theta}(t))$ 可以是正态分布、Weibull 分布、指数分布、截尾正态分布（退化量仅在规定区间内取值）、对数正态分布等形式。

具体来看，当性能参数退化量的失效阈值为 D，且失效判据为 $X(t) \geqslant D$ 时，系统的

退化量分布模型可以通过如下的描述开展研究：

1）假如性能参数退化量服从正态分布，$X(t) = A(\boldsymbol{\theta}(t)) \sim N(u(t), \sigma^2(t))$，$u(t)$ 是均值函数、$\sigma^2(t)$ 是方差函数。那么在任意时刻 t，系统可靠度与性能参数退化量分布之间的关系为

$$R(t) = P(X(t) \leqslant D) = \Phi\left(\frac{D - u(t)}{\sigma(t)}\right)$$

2）当退化量服从两参数 Weibull 分布，$X(t) = A(\boldsymbol{\theta}(t)) \sim W(m(t), \eta(t))$，$m(t)$ 是形状参数函数、$\eta(t)$ 是尺度参数函数。那么在任意时刻 t，系统可靠度与性能参数退化量分布之间的关系为

$$R(t) = P(X(t) \leqslant D) = 1 - \exp\left(-\left(\frac{D}{\eta(t)}\right)^{m(t)}\right)$$

3）当退化量服从指数分布，$X(t) = A(\boldsymbol{\theta}(t)) \sim E(\lambda(t))$，$\lambda(t)$ 是到达率函数。那么在任意时刻 t，系统可靠度与性能参数退化量分布之间的关系为

$$R(t) = P(X(t) \leqslant D) = \exp(-\lambda(t)D)$$

因此，在利用上述退化分布模型进行可靠性评估时，需要首先进行分布类型的检验分析，然后根据采集到的性能退化数据进行参数估计，包括矩估计和极大似然估计等方式，最后将模型参数估计值代入到退化分布模型中进行可靠度分析，即可评估系统在任意时刻 t 时的可靠度，形成系统可靠度变化曲线。

2.3　基于复合 Poisson 过程的系统退化可靠性模型

系统在使用过程中往往会承受持续不断的冲击损伤，最为典型的就是振动冲击损伤，而且这种损伤一般具有累积效应。根据系统遭受此类损伤的机理，可以假设在工作环境中对系统造成损伤的冲击的到来服从 Poisson 过程。此外，由于 Poisson 过程的底层分布形式可以灵活设置，Poisson 分布有齐次分布、非齐次分布和广义分布等多种类型，从而可以根据系统退化数据拟合不同形状的退化曲线。因此，我们可以引入复合 Poisson 过程对系统性能退化轨迹进行建模，并在此基础上开展可靠性评估工作。

2.3.1　基于齐次复合 Poisson 过程的性能退化模型

假设系统性能退化量的增加是随机到来的冲击造成的，当性能退化量增加到失效阈值时，系统随即发生失效。假设冲击造成的损伤 $\{W_j\}$ 是与冲击时间间隔 $\{Z_j\}$ 对应的独立同分布随机变量序列，W_j 的分布为 $G(x)$，具有有限的均值 $E[W_j] = v$ 且与 Z_i（$i \neq j$）独立，$W_0 = x_0$，Z_j 具有相同的分布 $F(t)$，令

$$X(t) = x_0 + \sum_{j=1}^{N(t)} W_j$$

其中，$X(t)$ 表示 t 时刻系统的退化量，x_0 表示初始时刻的退化量，$N(t)$ 为系统在 $[0, t]$ 时间内承受的冲击次数，服从参数为 λ 的齐次 Poisson 过程。此时，$X(t)$ 是参数

为 λ 的复合齐次 Poisson 过程。

典型的，当冲击导致的损伤服从正态分布时，即 $W_j \sim N(\mu, \sigma^2)$，由上式可知 t 时刻系统退化量是多个正态随机变量之和，故 t 时刻系统退化量也服从正态分布，设系统的失效阈值为 D，则 t 时刻系统的可靠度可表示为

$$R(t) = P(X(t) < D) = P\left(\frac{X(t) - x_0 - \lambda t \mu}{\sqrt{\lambda t \sigma^2}} < \frac{D - x_0 - \lambda t \mu}{\sqrt{\lambda t \sigma^2}}\right) = \Phi\left(\frac{D - x_0 - \lambda t \mu}{\sqrt{\lambda t \sigma^2}}\right)$$

$$(2-1)$$

式中，$\Phi(\cdot)$ 为标准正态分布的累积分布函数。

2.3.2　基于非齐次复合 Poisson 过程的性能退化模型

若冲击过程服从强度为 $h(t)$ 的非齐次 Poisson 过程，则 2.3.1 节的齐次复合 Poisson 过程变为非齐次复合 Poisson 过程，其均值函数为 $H(t)$，$H(t) \equiv \int_0^t \lambda(u) \mathrm{d}u$，此时，$t$ 时刻系统的可靠度表示为

$$R(t) = P(X(t) < D) = \mathrm{e}^{-H(t)} + \sum_{k=1}^{\infty} \left[\int_0^{D-x_0} g^{(k)}(u) \mathrm{d}u\right] \frac{H(t)}{k!} \mathrm{e}^{-H(t)} \qquad (2-2)$$

式中，$g^{(k)}(u)$ 是损伤 W 的分布密度函数的 n 重卷积。

关于齐次复合 Poisson 过程和非齐次复合 Poisson 过程模型参数估计的相关文献资料较多，常用的有矩估计法和极大似然估计法，这里不再赘述。

2.4　基于 Wiener 过程的系统退化可靠性模型

上节利用复合 Poisson 过程研究了受冲击、振动等作用而产生退化的复杂系统的性能退化情况，除此之外，有很多复杂系统是长期受到电应力作用而逐渐产生退化，这种复杂系统性能退化主要表现在电流、电压、电阻、电容上，而且这种复杂系统难以找到合适的严格正则退化量变化来描述其性能退化过程，对于具备这种特点的复杂系统，可以利用 Wiener 过程模型进行描述与建模。下面给出基于 Wiener 过程的复杂系统性能退化建模方法。

（1）模型定义

假设系统的性能退化过程服从某种形式的一元或者多元的 Wiener 过程 $\{X(t), t \geq 0\}$，假设该系统的失效阈值为 D，实际上 D 应为退化特征量对应维数的向量。定义系统寿命 T 是退化过程 $\{X(t), t \geq 0\}$ 中，某个退化特征向量的分量首次达到或者超过该退化分量所对应的失效阈值的时间，可以用下式进行表述

$$T = \inf\{t \mid \exists i = 1, 2, \cdots, p, \text{ s. t. } X_i(t) > D_i\}$$

当然，若该性能退化过程为一元 Wiener 过程，那么 $X(t) = \mu t + \sigma W(t)$，$D_i = D$。另外需要注意的是，对于 Wiener 过程而言，理论上漂移参数 μ 可以是任意实数，但是利用 Wiener 过程进行系统退化过程建模时，由于系统最终一定会失效，因此，为了确保退

化过程中的某一退化量 X_i 达到失效阈值，须设置漂移参数 $\mu > 0$。

对于一元线性 Wiener 过程，$p = 1$，此时，由上式可以推导出系统寿命 T 的分布为逆高斯分布。在一元 Wiener 过程 $\{X(t)，t \geqslant 0\}$ 的基础上定义一个随机过程 $\{Z(t)，t \geqslant 0\}$，记为

$$Z(t) = \sup_{0 \leqslant s \leqslant t} \{X(s)；s \geqslant 0\}$$

上式表明，在任意时刻 $t \geqslant 0$，$Z(t)$ 取 $X(t)$ 在时间 $[0，t]$ 内的最大值。

另记，$Z(t)$ 的概率密度函数为 $g(z，t)$，由 $\{Z(t)，t \geqslant 0\}$ 的定义可知其是单调随机过程，则系统在时间 $(0，t)$ 内不失效的概率为

$$P(T > t) = P(Z(t) < D) = \int_{-\infty}^{D} g(z，t)\mathrm{d}z$$

因而，只要求出 $g(z，t)$ 便可以得到寿命 T 的分布。利用 Fokker - Planck 方程得到 $g(z，t)$ 表示为

$$g(z，t) = \frac{1}{\sigma\sqrt{2\pi t}} \left\{ \exp\left[-\frac{(z - \mu t)^2}{2\sigma^2 t} \right] - \exp\left(\frac{2\mu D}{\sigma^2} \right) \exp\left[-\frac{(z - 2D - \mu t)^2}{2\sigma^2 t} \right] \right\}$$

$$(2 - 3)$$

代入上式得到

$$P(T > t) = 1 - F(t) = \Phi\left(\frac{D - \mu t}{\sigma\sqrt{t}} \right) - \exp\left(\frac{2\mu D}{\sigma^2} \right) \Phi\left(\frac{-D - \mu t}{\sigma\sqrt{t}} \right) \qquad (2 - 4)$$

进一步可以得到 T 的分布函数和概率密度函数分别为

$$F_T(t) = \Phi\left(\frac{\mu t - D}{\sigma\sqrt{t}} \right) + \exp\left(\frac{2\mu D}{\sigma^2} \right) \Phi\left(\frac{-D - \mu t}{\sigma\sqrt{t}} \right) \qquad (2 - 5)$$

$$f_T(t) = \frac{D}{\sqrt{2\pi\sigma^2 t^3}} \exp\left[-\frac{(D - \mu t)^2}{2\sigma^2 t} \right] \qquad (2 - 6)$$

（2）参数估计

假设共采集有 n 个样本的性能退化数据。对于样品 i，其初始时刻 t_0 时性能退化量为 $X_{i0} = 0$，然后分别在时刻 t_1，t_2，$\cdots$，t_{m_i} 测量样品的性能退化量，得到性能退化量的测量值分别为 X_{i1}，X_{i2}，$\cdots$，X_{im_i}。记 $\Delta x_{ij} = X_{ij} - X_{i,j-1}$ 是样品 i 在时刻 t_{j-1} 和 t_j 之间的性能退化量，那么根据上文的分析，我们由 Wiener 过程的性质可知

$$\Delta x_{ij} \sim N(\mu\Delta t_j，\sigma^2\Delta t_j)$$

其中，$\Delta t_j = t_j - t_{j-1}$；$i = 1，2，\cdots，n$；$j = 1，2，\cdots，m_i$。

进一步由退化数据得到模型参数的似然函数

$$L(\mu，\sigma^2) = \prod_{i=1}^{n} \prod_{j=1}^{m_i} \exp\left(-\frac{(\Delta x_{ij} - \mu\Delta t_{ij})^2}{2\sigma^2\Delta t_{ij}} \right) \qquad (2 - 7)$$

由上式可以直接求得漂移参数 μ 和扩散参数 σ^2 的极大似然参数估计

$$\hat{\mu} = \frac{\sum_{i=1}^{n} X_{im_i}}{\sum_{i=1}^{n} t_{im_i}}$$

$$\hat{\sigma}^2 = \frac{1}{\sum\limits_{i=1}^{n} m_i} \left(\sum_{i=1}^{n} \sum_{j=1}^{m_i} \frac{(\Delta X_{ij})^2}{\Delta t_{ij}} - \frac{\left(\sum\limits_{i=1}^{n} X_{im_i} \right)^2}{\sum\limits_{i=1}^{n} t_{im_i}} \right)$$

从以上的分析过程中，我们可以看出，样品性能平均退化速率的估计仅仅与测量采样的时间长度以及测量采样结束时样品的性能有关，与测量方案及间隔时间无关；而扩散参数的估计不仅与试验时间有关，还与测量方案有关。

在这种情况下，为了得到该系统可靠度的估计，只需要将 $\hat{\mu}$ 和 $\hat{\sigma}^2$ 带入任务时间 t 的可靠度表达式，即可以得到可靠度的点估计

$$R(t) = 1 - F(t; \hat{\mu}, \hat{\sigma}) = \Phi\left(\frac{D - \hat{\mu}t}{\hat{\sigma}\sqrt{t}} \right) - \exp\left(\frac{2\hat{\mu}D}{\hat{\sigma}^2} \right) \Phi\left(\frac{-D - \hat{\mu}t}{\hat{\sigma}\sqrt{t}} \right) \qquad (2-8)$$

2.5　基于 Gamma 过程的系统退化可靠性模型

除以上模型外，工程中还具有很多高可靠、长寿命，并且其退化过程近似于严格单调的复杂系统，这类复杂系统的退化增量是非负的，其退化过程可以看作是严格递增的，例如液压系统的磨损，可以利用液压油中杂质含量的大小来表征，杂质含量随着系统服役时间的增长，基本呈现严格的单调递增现象。除此之外，复杂系统金属结构的磨损过程、开裂过程、腐蚀过程等，都可以近似地看作是严格单调变化的。此时，若利用复合 Poisson 过程或者 Wiener 过程来描述此类系统的性能退化过程就会存在一定的局限性。为此，本书利用另一类随机退化过程 Gamma 过程，来描述符合这种退化规律的复杂系统，主要原因在于 Gamma 过程正好是描述非负的、严格正则的随机过程。

利用 Gamma 随机过程进行复杂系统性能退化过程建模，首先假设 Gamma 退化过程 $\{X(t), t \geqslant 0\}$ 的初始值为 0，系统退化的失效阈值为 D，为一常量。随机变量 T 表示该退化过程中某一退化特征量首次到达或超过失效阈值 l 的时间，由于 Gamma 过程是严格递增的，则有如下公式

$$P(T > t) = P(X(t) < D) = \int_0^D \frac{1}{\Gamma(\alpha t)\beta^{\alpha t}} x^{\alpha t-1} e^{-x/\beta} dx = \frac{1}{\Gamma(\alpha t)} \int_0^{D/\beta} \xi^{\alpha t-1} e^{-\xi} d\xi$$

$$(2-9)$$

因此，T 的分布函数及密度函数可以表示为

$$F(t; D) = \frac{\Gamma(\alpha t, D/\beta)}{\Gamma(\alpha t)}, f(t; D) = \frac{d}{dt} \frac{\Gamma(\alpha t, D/\beta)}{\Gamma(\alpha t)}$$

其中，$\Gamma(a, z)$ 为不完全 Gamma 函数，$\Gamma(a, z) = \int_z^{\infty} \xi^{a-1} e^{-\xi} d\xi$ 。

$$f(t; D) = \frac{d}{dt} \frac{\Gamma(\alpha t, D/\beta)}{\Gamma(\alpha t)} = \frac{\alpha}{\Gamma(\alpha t)} \int_o^{D/\beta} \left[\ln\xi - \frac{\Gamma'(\alpha t)}{\Gamma(\alpha t)} \right] \xi^{\alpha t-1} e^{-\xi} d\xi \qquad (2-10)$$

从上式我们可以发现，该概率密度函数相当复杂，在实际应用中难以计算处理。因此，通常情况下采用 BS（Birnbaum - Saunders）分布来逼近 T 的分布，即有下式

$$F(t;D) = \Phi\left[\frac{1}{\nu}\left(\sqrt{\frac{t}{\mu}} - \sqrt{\frac{\mu}{t}}\right)\right], t > 0$$

其中，$\Phi(\cdot)$ 为标准正态分布，$\nu = \sqrt{\dfrac{\beta}{D}}$，$\mu = \dfrac{D}{\alpha\beta}$。那么其相应的概率密度函数为

$$f(t;l) = \frac{1}{2\sqrt{2\pi}\nu\mu}\left[\left(\frac{\mu}{t}\right)^{1/2} + \left(\frac{\mu}{t}\right)^{3/2}\right]\exp\left[-\frac{1}{2\nu^2}\left(\frac{t}{\mu} - 2 + \frac{\mu}{t}\right)\right], t > 0 \quad (2-11)$$

对于复杂系统性能退化建模，假设共有 n 个系统进行性能退化测量试验，对于系统样本 i，初始时刻 t_0 其性能退化量记为 $X_{i0} = 0$，在时刻 t_1，t_2，$\cdots$，t_{mi} 测得系统的性能退化量为 X_{i1}，X_{i2}，$\cdots$，X_{imi}。记随机增量 $\Delta X_{ij} = X_{ij} - X_{i,j-1}$ 为样本系统在 t_{j-1} 和 t_j 之间的性能退化量，根据 Gamma 过程的性质可知

$$\Delta X_{ij} \sim Ga(\alpha\Delta t_j, \beta)$$

其中，$\Delta t_j = t_j - t_{j-1}$，$i = 1, 2, \cdots, n$，$j = 1, 2, \cdots, m_i$。

由系统性能退化数据得到的似然函数可以表示如下

$$L(\alpha, \beta) = \prod_{i=1}^{n}\prod_{j=1}^{m_i}\frac{1}{\Gamma(\alpha\Delta t_j)\beta^{\alpha\Delta t_j}}(\Delta x_{ij})^{\alpha\Delta t_j - 1}\exp\left(-\frac{\Delta x_{ij}}{\beta}\right) \quad (2-12)$$

将上式转化为对数似然函数

$$\ln L(\alpha, \beta) = \prod_{i=1}^{n}\prod_{j=1}^{m_i}\left(-\ln\Gamma(\alpha\Delta t_j) - \alpha\Delta t_j\ln\beta - \frac{\Delta x_{ij}}{\beta} + (\alpha\Delta t_j - 1)\ln\Delta x_{ij}\right)$$

$$(2-13)$$

采用极大似然估计法对上式进行求解，得到 α 和 β 的估计值 $\hat{\alpha}$，$\hat{\beta}$，根据前文利用 BS 分布逼近 T 的分布，即可确定其在时间 t 的可靠度的点估计为

$$R(t) = 1 - F(t) = 1 - \Phi\left[\frac{1}{\hat{\alpha}}\left(\sqrt{\frac{t}{\hat{\beta}}} - \sqrt{\frac{\hat{\beta}}{t}}\right)\right], t > 0 \quad (2-14)$$

Gamma 随机过程模型参数的估计方法可参考文献 [11] 和文献 [12]，这里不再赘述。

2.6 基于逆高斯过程的系统退化可靠性模型

在研究逆高斯过程模型之前，需要了解逆高斯分布，实际上，线性 Wiener 过程首达时的概率分布即逆高斯分布 $IG(\mu, \lambda)$，其概率密度函数为

$$f(x) = \sqrt{\frac{\lambda}{2\pi x^3}}\exp\left(-\frac{\lambda(x-\mu)^2}{2\mu^2 x}\right)$$

其中，λ，μ，$x > 0$。

因此，当产品的某一性能参数是退化可测的，退化量可以表示为 $\{X(t), t \geqslant 0\}$，那么连续时间随机过程 $\{X(t), t \geqslant 0\}$ 称为逆高斯过程：

1) $X(0)$ 以概率 1 等于 0；

2）$X(t)$ 具有独立增量，即对于任意的 $0 \leqslant t_i < t_{i+1} < t_j < t_{j+1}$，$X(t_{i+1}) - X(t_i)$ 与 $X(t_{j+1}) - X(t_j)$ 相互独立；

3）对于任意的 $0 \leqslant s < t$，随机增量 $(X(t) - X(s)) \sim IG(\mu \Delta \Lambda(t), \lambda (\Delta \Lambda(t))^2)$，$\Delta \Lambda(t) = \Lambda(t) - \Lambda(s)$，$\Lambda(t)$ 是单调递增的函数且 $\Lambda(0) = 0$。

显然，当 $\Lambda(t) = at$，$a > 0$ 时，该逆高斯过程是平稳的逆高斯过程，具有单调递增特性。

鉴于逆高斯过程的单调递增特点，如果用其刻画产品的退化过程，那么首先需要明确的是性能退化量需要具有单调性的特点，比如裂纹增长、腐蚀强度增加和疲劳、氧化的增长等现象。

那么根据逆高斯分布的特点，定义产品性能首次超过失效阈值 D 的时间为产品寿命，那么在 $X(0) = 0$ 时，退化量 $X(t) \sim IG(\mu \Lambda(t), \lambda (\Lambda(t))^2)$ 且是单调递增的，则推算得到产品可靠度 $P(X(t) < D)$ 为

$$R(t) = 1 - P(T < t) = P(X(t) < D) = F_{IG}(D \mid \mu \Lambda(t), \lambda (\Lambda(t))^2)$$

$$= 1 - \Phi\left(\sqrt{\frac{\lambda}{D}}\left(\Lambda(t) - \frac{D}{\mu}\right)\right) + \exp\left(\frac{2\lambda \Lambda(t)}{\mu}\right)\Phi\left(-\sqrt{\frac{\lambda}{D}}\left(\Lambda(t) + \frac{D}{\mu}\right)\right)$$

$$(2-15)$$

模型参数估计：

一般当 $\Lambda(t) = t$ 时，表征的逆高斯退化过程相对直观，这时随机增量 $\Delta x_{ij} = X(t_{i,j+1}) - X(t_{ij}) \sim IG(\mu \Delta t, \lambda (\Delta t)^2)$。采用极大似然估计得到似然函数

$$L(\mu, \lambda) = \prod_{i=1}^{n}\prod_{j=1}^{m}\sqrt{\frac{\lambda (\Delta t)^2}{2\pi X_{ij}^3}}\exp\left(-\frac{\lambda (X_{ij} - \mu \Delta t)^2}{2\mu^2 X_{ij}}\right)$$

其中，n，m 为样本个数和单个样本的测量次数。

进一步可以得到逆高斯过程退化模型中的参数的估计值

$$\hat{\mu} = \frac{1}{mn}\sum_{i=1}^{n}\sum_{j=1}^{m}\frac{X_{ij}}{\Delta t}, \quad \hat{\lambda} = \left(\frac{(\Delta t)^2}{mn}\sum_{i=1}^{n}\sum_{j=1}^{m}\left(\frac{1}{X_{ij}} - \frac{1}{\hat{\mu}}\right)\right)^{-1}$$

联立以上两个等式所得结果就是对参数的极大似然估计，然后进行可靠度估计。

2.7　本章小结

本章主要介绍了基于随机过程的系统退化可靠性基础模型。基于退化轨迹的可靠性模型和基于分布函数的可靠性模型，具有一般性，在工程实际中得到了广泛应用。基于复合 Poisson 过程、Wiener 过程、Gamma 过程和逆高斯过程等随机过程的可靠性模型相对复杂，但在工程实际中的应用效果更好。本章的相关模型体现了从简单到复杂、从模糊到具体、从理论到实际的研究过程，该部分研究工作具有承前启后的作用。

第3章 多性能退化系统建模与可靠性评估方法

第2章主要研究了基于随机过程的基础退化建模方法，例如长期受电应力作用的产品，利用 Wiener 过程对其性能退化过程进行建模；而对于退化增量是非负的，其退化过程可以看作是严格递增的系统，利用 Gamma 过程进行描述并建模。针对不同退化特点的系统采用不同的随机过程描述其性能退化过程，并且进行可靠性建模，具有良好的效果。以上主要是针对单一性能参数退化量进行的退化分析及建模，但在系统实际退化过程中，其潜在失效机理并不唯一，可能存在多个性能参数共同描述同一系统退化过程的现象，其中任何一个性能特征量的不合格都会对系统的可靠性产生极大影响。例如，对于某型液压设备，既可以用液压油压力，也可以用液压油杂质含量来描述该设备的退化情况，本章主要在对基于单性能退化的可靠性评估方法研究的基础上，研究提出多个性能参数相互独立、两个性能参数相依等多种情形下复杂系统可靠性模型与评估方法。考虑到性能退化参数的变化特性，以及不同性能要素之间的相互关系，以下主要研究基于分布函数、Wiener 过程、Gamma 过程的多性能参数退化模型及其可靠性评估。

3.1 失效阈值和失效模式

目前现有研究主要聚焦单性能参数的退化可靠性建模，但在工程实践中，许多系统具有两个甚至更多性能参数的退化过程，在多个性能参数的系统退化过程中，参数之间的相关性是研究的难点，当多性能参数之间相互独立时，多性能退化过程可以转化为多个单性能退化过程问题，当多性能参数之间相依时，退化模型的建立就会变得比较复杂并且难以处理。

多性能参数退化过程的失效阈值问题与单性能参数退化过程有所不同，在单性能退化问题中，退化量超过失效阈值 D 时系统即失效，在多性能退化过程中，失效方式可以设定为多个退化量分别超过各自的失效阈值 D_1，D_2，$\cdots$，D_k，$k \geqslant 2$ 时，系统即失效，也可以设定为多个性能参数退化量的函数超过某一阈值时系统即失效。

根据系统失效定义，多性能参数在初始时刻的退化量为固定值，假设初始时刻退化量 $X_1(0) = X_2(0) = \cdots = X_k(0) = 0$，$k = 2, 3, \cdots, K$，$K \geqslant 2$。

1) 当 $\{X_1(t)，X_2(t)，\cdots，X_k(t)，k = 2, 3, \cdots, K\}$ 中的任一性能参数超过其对应的失效阈值时，系统即失效。对于 $0 \leqslant s \leqslant t$，存在至少一个 $X_p(s) \geqslant D_p$，$1 \leqslant p \leqslant k$，则基于多性能退化的系统的寿命可以表示为

$$T = \inf\{t \mid \exists i = 1, 2, \cdots, p, \text{ s.t. } X_i(t) > D_i, k \geqslant p \geqslant 1\}$$

那么，系统的可靠度函数 $R(t)$ 为

$$R(t) = P\{X_1(s) < D_1, X_2(s) < D_2, \cdots, X_k(s) < D_k, 0 \leqslant s \leqslant t\}$$

当 $\{X_1(t),\ X_2(t),\ \cdots,\ X_k(t),\ k=2,3,\cdots,K\}$ 之间相会独立时，退化模型可以视为多个性能参数退化模型的乘积，若性能参数之间存在相依关系，则需要注意各参数之间的相关性。

2) 考虑另一种情形，当多个性能参数退化的函数超过某一给定阈值 D 时，系统则失效，即 $f\{X_1(t),\ X_2^{\prime}(t),\ \cdots,\ X_k(t)\} \geqslant D$ 时系统失效。比如当整个性能退化量的平方和 $X_1^2(t) + X_2^2(t) + \cdots + X_k^2(t) \geqslant D > 0$ 时，则系统失效。因此，基于多性能参数退化的系统的寿命可以表示为

$$T = \inf\{t : X_1^2(t) + X_2^2(t) + \cdots + X_k^2(t) \geqslant D, k = 2,3,\cdots,K\}$$

此时，系统的可靠度函数 $R(t)$ 为

$$R(t) = P\{T = \inf\{s : X_1^2(s) + X_2^2(s) + \cdots + X_k^2(s) \geqslant D\} > t\}$$

针对该类模型，当 $\{X_1(t),\ X_2(t),\ \cdots,\ X_k(t),\ k=2,3,\cdots,K\}$ 之间存在相关性时，这类模型的可靠度计算往往相对复杂，难以获得失效分布函数的解析式，可以借助模拟方法进行可靠度的分析。以下针对退化分布模型、Wiener 过程模型、Gamma 过程模型和逆高斯过程模型等对性能退化过程进行对比分析。

3.2　基于分布函数的多性能退化可靠性建模

假设产品 K 个性能特征量 $X_1,\ X_2,\ \cdots,\ X_K$，相应的失效阈值为 $D_1,\ D_2,\ \cdots,\ D_K$，有 n 个样品参与试验，测量时刻分别为 $t_1,\ t_2,\ \cdots,\ t_m$。不失一般性，设任一性能退化量 $X_k(t)$ 超过其失效阈值 D_k 时，产品失效，则产品的可靠度函数为

$$R(t) = P(X_1(t) \leqslant D_1, X_2(t) \leqslant D_2, \cdots, X_K(t) \leqslant D_K) \qquad (3-1)$$

设时刻 t，$\boldsymbol{X}(t) = [X_1(t),\ X_2(t),\ \cdots,\ X_K(t)]$ 的联合概率密度函数为 $f(x(t))$，式（3-1）可进一步表示为

$$R(t) = P(X_1(t) \leqslant D_1, X_2(t) \leqslant D_2, \cdots, X_K(t) \leqslant D_K) = \int_0^{D_1} \cdots \int_0^{D_K} f(x(t))\,\mathrm{d}x$$

$$(3-2)$$

3.2.1　基于多元正态分布的多性能退化可靠性模型

若 $\boldsymbol{X}(t) = [X_1(t), X_2(t), \cdots, X_K(t)]$ 服从均值为 $\boldsymbol{\mu}(t) = [\mu_1(t), \mu_2(t), \cdots, \mu_K(t)]$、协方差矩阵为 $\boldsymbol{\Sigma}(t)$ 的多元正态分布，则

$$\begin{cases} f(\boldsymbol{x}(t)) = (2\pi)^{-\frac{K}{2}} |\boldsymbol{\Sigma}(t)|^{-\frac{1}{2}} \exp\left[-\frac{1}{2} [\boldsymbol{x}(t) - \boldsymbol{\mu}(t)]^{\mathrm{T}} \boldsymbol{\Sigma}(t)^{-1} [\boldsymbol{x}(t) - \boldsymbol{\mu}(t)] \right] \\ \boldsymbol{\Sigma}(t) = \begin{bmatrix} \mathrm{Var}(X_1(t)) & \mathrm{COV}(X_1(t), X_2(t)) & \cdots & \mathrm{COV}(X_1(t), X_K(t)) \\ \mathrm{COV}(X_2(t), X_1(t)) & \mathrm{Var}(X_2(t)) & \cdots & \mathrm{COV}(X_2(t), X_K(t)) \\ \vdots & \vdots & \ddots & \vdots \\ \mathrm{COV}(X_K(t), X_1(t)) & \mathrm{COV}(X_K(t), X_2(t)) & \cdots & \mathrm{Var}(X_K(t)) \end{bmatrix} \\ \mathrm{COV}(X_K(t), X_{K'}(t)) = E[(X_k(t) - \mu_k(t))(X_{K'}(t) - \mu_{k'}(t))] \end{cases}$$

设第 i 个样品的第 k 个性能特征量在时刻 t_j 的测量值为 $X_{ik}(t_j)$，则均值 $\mu_k(t_j)$ 的估计值 $\hat{\mu}_k(t_j)$，$\mathrm{COV}(X_k(t_j), X_{k'}(t_j))$ 的估计值 $\widehat{\mathrm{COV}}(X_k(t_j), X_{k'}(t_j))$ 分别为

$$\hat{\mu}_k(t_j) = \frac{1}{n}\sum_{i=1}^n X_{ik}(t_j)$$

$$\widehat{\mathrm{COV}}(X_k(t_j), X_{k'}(t_j)) = \frac{1}{n}\sum_{i=1}^n [X_{ik}(t_j) - \hat{\mu}_k(t_j)][X_{ik'}(t_j) - \hat{\mu}_{k'}(t_j)]$$

根据估计值 $(t_j, \hat{\mu}_k(t_j))$，$(t_j, \widehat{\mathrm{COV}}(X_k(t_j), X_{k'}(t_j)))$，$k=1, 2, \cdots, K$，$k'=1, \cdots, K$，$j=1, 2, \cdots, m$，可画出其变化轨迹，根据变化趋势，选择适当的曲线模型（一般为单调函数），对模型参数进行建模。获取模型参数后，根据可靠度函数表达式，即可对产品的可靠性进行评估。

特别地，如果假设备性能特征量的相关性不随时间变化，即 $\Sigma(t) = \Sigma$，此时，只需对估计值 $(t_j, \hat{\mu}_k(t_j))$ 进行建模，产品的可靠性模型将进一步简化。在此基础上，若考虑只有两个性能特征量的情形，则 $X_1(t)$ 和 $X_2(t)$ 的联合概率密度函数为

$$f(x_1, x_2 \mid t) = \frac{1}{2\pi\sigma_1\sigma_2\sqrt{1-\rho^2}}\exp\left\{-\frac{1}{1(1-\rho^2)}\left(\begin{array}{c}\dfrac{(x_1(t)-\mu_1(t))^2}{\sigma_1^2} + \dfrac{(x_2(t)-\mu_2(t))^2}{\sigma_2^2} \\ -\dfrac{2\rho(x_1(t)-\mu_1(t))(x_2(t)-\mu_2(t))}{\sigma_1\sigma_2}\end{array}\right)\right\}$$

其中，ρ 为 $X_1(t)$ 和 $X_2(t)$ 的相关系数；σ_1 和 σ_2 为相应的标准差，不随时间变化。

那么

$$R(t) = P(X_1(t) \leqslant D_1, X_2(t) \leqslant D_2) = \int_0^{D_1}\int_0^{D_2} f(x_1, x_2 \mid t)\,\mathrm{d}x_1\mathrm{d}x_2$$

3.2.2　基于多元 Weibull 分布的多性能退化可靠性模型

若 $\boldsymbol{X}(t) = [X_1(t), \cdots, X_K(t)]$ 服从如下多元 Weibull 分布

$$F(x_1(t), \cdots, x_K(t)) = \exp\left\{-\left[\left(\frac{x_1(t)}{\eta_1(t)}\right)^{\frac{\gamma_1(t)}{\theta(t)}} + \left(\frac{x_2(t)}{\eta_2(t)}\right)^{\frac{\gamma_2(t)}{\theta(t)}} + \cdots + \left(\frac{x_K(t)}{\eta_K(t)}\right)^{\frac{\gamma_K(t)}{\theta(t)}}\right]^{\theta(t)}\right\}$$

其中，$\boldsymbol{\eta}(t) = (\eta_1(t), \cdots, \eta_K(t))$ 为尺度参数；$\boldsymbol{\gamma}(t) = (\gamma_1(t), \cdots, \gamma_K(t))$ 为形状参数；$\theta(t)$ 为相关参数。则时刻 t 产品的可靠度函数可表示为

$$R(t) = P(X_1(t) \leqslant D_1, \cdots, X_K(t) \leqslant D_K) = 1 - \exp\left\{-\left[\left(\frac{D_1}{\eta_1(t)}\right)^{\frac{\gamma_1(t)}{\theta(t)}} + \cdots + \left(\frac{D_K}{\eta_K(t)}\right)^{\frac{\gamma_K(t)}{\theta(t)}}\right]^{\theta(t)}\right\}$$

设第 i 个样品的第 k 个性能特征量在时刻 t_j 的测量值为 $X_{ik}(t_j)$，则构造时刻 t_j 的可靠性数据的对数似然函数为

$$\ln L_j = \sum_{i=1}^n \ln f(x_{i1}(t_j), \cdots, x_{iK}(t_j))$$

其中，$f(\cdot)$ 为多元 Weibull 分布 $F(\cdot)$ 的概率密度函数，利用极大似然估计方法可得到时刻 t_j，$\eta(t_j)$、$\gamma(t_j)$ 和 $\theta(t_j)$ 的估计值分别为 $\hat{\eta}(t_j)$、$\hat{\gamma}(t_j)$ 和 $\hat{\theta}(t_j)$。

根据估计值 $(t_j, \hat{\eta}(t_j))$、$(t_j, \hat{\gamma}(t_j))$ 和 $(t_j, \hat{\theta}(t_j))$，$k=1, \cdots, K$，$j=1, \cdots m$，

可画出其变化轨迹，根据变化趋势，选择适当的曲线模型（一般为单调函数），对模型参数进行建模。获取模型参数后，代入可靠度函数公式，即可对系统可靠性进行评估。

特别地，若各性能参数失效机理相似，$X_1(t)$，$\cdots$，$X_K(t)$ 的边际分布具有相同的形状参数，即 $\gamma_1(t) = \cdots = \gamma_K(t) = \gamma(t)$，当 $K = 2$ 时

$$f(x_1(t), x_2(t)) = \exp\left\{-\left[\left(\frac{x_1(t)}{\eta_1(t)}\right)^{\frac{\gamma(t)}{\theta(t)}} + \left(\frac{x_2(t)}{\eta_2(t)}\right)^{\frac{\gamma(t)}{\theta(t)}}\right]^{\theta(t)}\right\} \cdot \gamma(t)^2 (x_1(t)x_2(t))^{\frac{\gamma(t)}{\theta(t)}-1}$$

$$\times \left[\left(\frac{x_1(t)}{\eta_1(t)}\right)^{\frac{\gamma(t)}{\theta(t)}} + \left(\frac{x_2(t)}{\eta_2(t)}\right)^{\frac{\gamma(t)}{\theta(t)}}\right] \cdot (\eta_1(t), \eta_2(t))^{-\left(\frac{\gamma(t)}{\theta(t)}\right)^{\theta(t)-2}}$$

$$\times \left\{\left[\left(\frac{x_1(t)}{\eta_1(t)}\right)^{\frac{\gamma(t)}{\theta(t)}} + \left(\frac{x_2(t)}{\eta_2(t)}\right)^{\frac{\gamma(t)}{\theta(t)}}\right]^{\theta(t)} + \theta(t) - 1\right\}$$

3.3　基于 Wiener 过程的多性能退化可靠性建模与评估方法

3.3.1　多性能 Wiener 过程退化模型

在对单性能 Wiener 过程退化模型的可靠性评估方法的基础上，基于 Wiener 过程研究多性能参数相互独立和相关等多种情况下的可靠性评估模型。

多性能退化过程可用随机微分方程表示为

$$\mathrm{d}\boldsymbol{X}(t) = \boldsymbol{\mu}(\boldsymbol{X}(t), t)\mathrm{d}t + \boldsymbol{\sigma}(\boldsymbol{X}(t), t)\mathrm{d}\boldsymbol{B}(t)$$

其中，$\boldsymbol{X}(t)$、$\boldsymbol{\sigma}(\boldsymbol{X}(t), t)$、$\boldsymbol{\mu}(\boldsymbol{X}(t), t)$ 均为向量形式，$\boldsymbol{X}(t)$ 为 $k \times 1$ 阶矩阵，$\boldsymbol{\mu}(\boldsymbol{X}(t), t)$ 为 $k \times 1$ 阶矩阵，$\boldsymbol{\sigma}(\boldsymbol{X}(t), t)$ 为 $k \times m$ 阶矩阵，$\boldsymbol{B}(t)$ 为 $m \times 1$ 阶矩阵。

假设系统性能退化满足 Wiener 过程，且是线性的，则上式可以转化为下面的线性形式

$$\mathrm{d}\boldsymbol{X}(t) = \boldsymbol{\mu}\mathrm{d}t + \boldsymbol{\sigma}\mathrm{d}\boldsymbol{B}(t)$$

记 k 维随机向量 $\boldsymbol{X}(t) = (X_1(t), X_2(t), \cdots, X_k(t))^{\mathrm{T}}$，如果多元连续随机过程 $\{\boldsymbol{X}(t), t \geq 0\}$ 有性质：

1）时刻 $t + \Delta t$ 和时刻 t 之间的增量服从 k 维正态分布 $\boldsymbol{X}(t + \Delta t) - \boldsymbol{X}(t) \sim N(\boldsymbol{\mu}\Delta t, \Delta t\boldsymbol{\Sigma})$。

2）对任意两个不相交的时间区间 $[t_i, t_{i+1}]$，$[t_j, t_{j+1}]$，$t_i < t_{i+1} \leq t_j < t_{j+1}$，增量 $\boldsymbol{X}(t_{i+1}) - \boldsymbol{X}(t_i)$ 与 $\boldsymbol{X}(t_{j+1}) - \boldsymbol{X}(t_j)$ 相互独立。

3）$\boldsymbol{X}(0) = (0, 0, \cdots, 0)^{\mathrm{T}}$ 并且 $\boldsymbol{X}(t)$ 在 $t = 0$ 连续。

则称 $\{\boldsymbol{X}(t), t \geq 0\}$ 为 k 维 Wiener 过程，参数 $\boldsymbol{\mu}$、$\boldsymbol{\Sigma}$ 分别称为均值向量与协方差矩阵，通常记为

$$\boldsymbol{\mu} = (\mu_1, \mu_2, \cdots, \mu_k)^{\mathrm{T}}, \boldsymbol{\Sigma} = \begin{pmatrix} \sigma_1^2 & \rho_{12}\sigma_1\sigma_2 & \cdots & \rho_{1k}\sigma_1\sigma_k \\ \rho_{21}\sigma_2\sigma_1 & \sigma_2^2 & \cdots & \rho_{2k}\sigma_2\sigma_k \\ \vdots & \vdots & \ddots & \vdots \\ \rho_{k1}\sigma_k\sigma_1 & \rho_{k2}\sigma_k\sigma_2 & \cdots & \sigma_k^2 \end{pmatrix}$$

其中，ρ_{ij} 为分量 $X_i(t)$、$X_j(t)$ 之间的相关系数，其中 i，$j=1$，2，…，k，$i\neq j$。

如果 $\{\boldsymbol{X}(t)$，$t\geqslant 0\}$ 是多维的 Wiener 过程，则其中任一分量 $X_i(t)$ 是一维 Wiener 过程 $X_i(t)=\mu_i t+\sigma_i B(t)$，$i=1$，2，…，$k$。并且由多维正态分布的性质可知，当相关系数 $\rho_{ij}=0(i\neq j)$ 时，在任意时刻 t 都有 $X_i(t)$ 与 $X_j(t)$ 相互独立。

多维 Wiener 过程实际上是边际过程为一维过程的一种特定类型。实际上，在多性能退化过程的模型构建过程中，一般先根据各个退化量的退化机理，建立各退化量的单性能（边际）退化过程模型，再采取适当的模型描述各边际退化量之间的关系，上述多维 Wiener 退化过程，实际上是采用高斯函数描述边际退化过程之间的关系的。

多维 Wiener 过程用向量形式表示为

$$\begin{bmatrix} \mathrm{d}X_1(t) \\ \mathrm{d}X_2(t) \\ \vdots \\ \mathrm{d}X_k(t) \end{bmatrix} = \begin{bmatrix} \mu_1 \\ \mu_2 \\ \vdots \\ \mu_k \end{bmatrix}\mathrm{d}t + \boldsymbol{\Omega}\begin{bmatrix} \mathrm{d}B_1 \\ \mathrm{d}B_2 \\ \vdots \\ \mathrm{d}B_m \end{bmatrix}$$

其中，μ_i 为固定的漂移参数，B_i 为独立的标准布朗运动，$\boldsymbol{\Omega}$ 是一个固定的 $k\times m$ 矩阵，并且该矩阵满足

$$\boldsymbol{\Omega}\times\boldsymbol{\Omega}^{\mathrm{T}}=\begin{pmatrix} \sigma_1^2 & \rho_{12}\sigma_1\sigma_2 & \cdots & \rho_{1k}\sigma_1\sigma_k \\ \rho_{21}\sigma_2\sigma_1 & \sigma_2^2 & \cdots & \rho_{2k}\sigma_2\sigma_k \\ \vdots & \vdots & \ddots & \vdots \\ \rho_{k1}\sigma_k\sigma_1 & \rho_{k2}\sigma_k\sigma_2 & \cdots & \sigma_k^2 \end{pmatrix}$$

其中，ρ_{ij} 为相关系数。

考虑多维性能退化过程的相关系数 $\rho\neq 0$ 时的情形，此时我们考虑每个退化量 $X_i(t)$，$i=1$，2，…，k，可以得到每一个退化过程 $X_i(t)$，$i=1$，2，…，k 满足以下的随机微分方程

$$\mathrm{d}X_i(t)=\mu_i\mathrm{d}t+\sum_{j=1}^k\sigma_{ij}\mathrm{d}B_j=\mu_i\mathrm{d}t+\sigma_i\mathrm{d}\widetilde{B}_i$$

其中，$\widetilde{B}_i$ 也是标准的布朗运动，并且 σ_i 有

$$\sigma_i=\sqrt{\sum_{j=1}^k\sigma_{ij}^2}$$

3.3.2　模型参数估计

假设共有 n 个系统进行性能退化试验，试验过程中对性能参数的测量采用平衡测量的方式，即在同一时刻对 k 个性能参数进行测量。对系统 i 在时刻 t_1，t_2，…，t_{mi} 对 k 个性能参数的退化过程 $X_1(t)$，$X_2(t)$，…，$X_k(t)$ 进行测量，得到系统（样本）i 的测量数据为

$$\begin{pmatrix} X_{i1}(t_1),X_{i1}(t_2),\cdots,X_{i1}(t_{mi}) \\ \vdots \quad\quad \vdots \quad\quad\quad \vdots \\ X_{ik}(t_1),X_{ik}(t_2),\cdots,X_{ik}(t_{mi}) \end{pmatrix}$$

记 $\Delta X_{ip}(t_j) = X_{ip}(t_j) - X_{ip}(t_{j-1})$ 为样本 i 在时刻 $t_{i,\,j-1}$ 至 $t_{i,\,j}$ 期间的退化增量，其中 $i = 1,\ 2,\ \cdots,\ n$，$j = 1,\ 2,\ \cdots,\ m_i$，$p = 1,\ 2,\ \cdots,\ k$. 令 $\Delta t_j = t_j - t_{j-1}$，$\Delta \boldsymbol{X}_i(t_j) = (\Delta X_{i1}(t_j),\ \Delta X_{i2}(t_j),\ \cdots,\ \Delta X_{ik}(t_j))$，由多元 Wiener 过程性质可知 $\Delta \boldsymbol{X}_i(t_j)$ 相互独立且服从多维正态分布 $N(\boldsymbol{\mu} \Delta t_j,\ \Delta t_j \boldsymbol{\Sigma})$。

当 $s_1 \neq s_2$ 或者 $q_1 \neq q_2$ 时，$\Delta X_{s_1 p}(t_{q_1})$ 与 $\Delta X_{s_2 p}(t_{q_2})$ 相互独立，即相关系数的信息仅存在于 $(\Delta X_{ip}(t_j),\ \cdots,\ \Delta X_{ip'}(t_j))$ 中。因此在参数估计时，首先对 μ_p，$\sigma_p{}^2$ 进行估计，可得

$$\hat{\mu}_p = \frac{\sum\limits_{i=1}^{n} X_{ip}(t_{m_i})}{\sum\limits_{i=1}^{n} t_{m_i}},\ \hat{\sigma}_p^2 = \frac{1}{\sum\limits_{i=1}^{n} m_i}\left(\sum_{i=1}^{n}\sum_{j=1}^{m_i} \frac{(\Delta X_{ip}(t_j))^2}{\Delta t_j} - \frac{\left(\sum\limits_{i=1}^{n} X_{ip}(t_{m_i})\right)^2}{\sum\limits_{i=1}^{n} t_{m_i}} \right) \tag{3-3}$$

然后得到相关系数 $\rho_{pp'}$ 的参数估计为

$$\hat{\rho}_{pp'} = \frac{1}{\sum\limits_{i=1}^{n} m_i \hat{\sigma}_p \hat{\sigma}_{p'}}\left(\sum_{i=1}^{n}\sum_{j=1}^{m_i} \frac{(\Delta X_{ip}(t_j) - \hat{\mu}_p \Delta t_j)(\Delta X_{ip'} - \hat{\mu}_{p'} \Delta t_j)}{\Delta t_j} \right) \tag{3-4}$$

3.3.3　多性能参数相互独立时系统可靠性评估方法

1）考虑多维性能退化过程的相关系数 $\rho = 0$ 时的情形，此时多维退化过程转化为多个一维退化过程问题，$\boldsymbol{\Omega} = \begin{pmatrix} \sigma_1 & 0 & \cdots & 0 \\ 0 & \sigma_2 & \cdots & 0 \\ \vdots & \vdots & \ddots & \vdots \\ 0 & 0 & \cdots & \sigma_m \end{pmatrix}$，故可用多维随机微分方程来描述退化过程

$$\begin{bmatrix} \mathrm{d}X_1(t) \\ \mathrm{d}X_2(t) \\ \vdots \\ \mathrm{d}X_k(t) \end{bmatrix} = \begin{bmatrix} \mu_1 \\ \mu_2 \\ \vdots \\ \mu_k \end{bmatrix} \mathrm{d}t + \begin{pmatrix} \sigma_1 & 0 & \cdots & 0 \\ 0 & \sigma_2 & \cdots & 0 \\ \vdots & \vdots & \ddots & \vdots \\ 0 & 0 & \cdots & \sigma_m \end{pmatrix} \begin{bmatrix} \mathrm{d}B_1 \\ \mathrm{d}B_2 \\ \vdots \\ \mathrm{d}B_m \end{bmatrix} \tag{3-5}$$

由于多维性能参数相互独立，此时系统的可靠度可以表示为多个一维性能退化可靠度的乘积。

对于任一性能退化的参数，系统寿命 T 的分布为逆高斯分布，其分布函数和概率密度函数分别为

$$F_T(t) = \Phi\left(\frac{\mu D - D}{\sigma \sqrt{t}} \right) + \exp\left(\frac{2\mu D}{\sigma^2} \right) \Phi\left(\frac{-D - \mu t}{\sigma \sqrt{t}} \right)$$

$$f_T(t) = \frac{D}{\sqrt{2\pi \sigma^2 t^3}} \exp\left(-\frac{(D - \mu t)^2}{2\sigma^2 t} \right)$$

则任一性能参数对应的可靠度可以表示为

$$R_i(t) = \Phi\left(\frac{-\mu_i D_i + D_i}{\sigma_i \sqrt{t}} \right) - \exp\left(\frac{2\mu_i D_i}{\sigma_i^2} \right) \Phi\left(\frac{-D_i - \mu_i t}{\sigma_i \sqrt{t}} \right) \tag{3-6}$$

其中 $i=1,2,\cdots,k$。

当多个性能参数相互独立时，系统的可靠度为

$$
\begin{aligned}
R(t)&=P\{X_1(s)<D_1,X_2(s)<D_2,\cdots X_k(s)<D_k,0\leqslant s\leqslant t\}\\
&=P\{X_1(s)<D_1,0\leqslant s\leqslant t\}P\{X_2(s)<D_2,0\leqslant s\leqslant t\}\cdots P\{X_k(s)<D_k,0\leqslant s\leqslant t\}\\
&=\prod_{i=1}^{k}R_i(t)
\end{aligned}
$$

$$(3-7)$$

其中，$k=2,3,\cdots,n$。

2）两个性能参数相依时，通过构造 Kolmogrov 前向方程并求解可得到可靠度函数 $R_{12}(t)$ 的解析形式

$$
\begin{aligned}
R_{12}(t)=\int_0^a\int_0^\infty\sum_{n=1}^\infty&\frac{2r}{a\sigma_2^2(1-\rho^2)t}\sin(\frac{n\pi}{a}\varphi)\\
&\times\exp\left(-\frac{\sigma_2\mu_1-\sigma_1\mu_2\rho}{\sigma_1\sigma_2^2(1-\rho^2)}r\cos\varphi-\frac{\mu_2}{\sigma_2^2(1-\rho^2)}\sin\varphi\right)\\
&\times\exp\left(-\frac{\sigma_1^2\mu_2^2-2\mu_1\mu_2\sigma_1\sigma_2\rho+\sigma_2^2\mu_1^2}{2(1-\rho^2)\sigma_1^2\sigma_2^2}t-\frac{r^2+r_0^2}{2(1-\rho^2)\sigma_2^2 t}\right)\\
&\times\sin(\frac{n\pi}{a})I_{\frac{n\pi}{a}}\left(\frac{rr_0}{(1-\rho^2)\sigma_2^2 t}\right)\mathrm{d}r\mathrm{d}\varphi
\end{aligned}
$$

$$(3-8)$$

3.3.4　两个性能参数相依、与其他参数独立时系统可靠性评估方法

为简便起见，假设复杂系统性能退化量 $X_1(t)$ 和 $X_2(t)$ 相依，其他性能退化量之间相互独立，则系统多性能退化的 Wiener 过程模型的协方差矩阵为

$$
\boldsymbol{\Omega}\times\boldsymbol{\Omega}^\mathrm{T}=\begin{pmatrix}\sigma_1^2&\rho_{12}\sigma_1\sigma_2&0\cdots&0\\\rho_{12}\sigma_1\sigma_2&\sigma_2^2&0\cdots&0\\0&0&\ddots&\vdots\\\vdots&\vdots&&\vdots\\0&0&\cdots&\sigma_k^2\end{pmatrix}
$$

我们将多参数性能退化的系统看成由两个子系统组成，一个子系统为两个相依的性能参数组成的系统，另一个为其他性能参数组成的系统，整体系统由两系统串联而成，可靠度公式如下

$$
\begin{aligned}
R(t)&=P\{X_1(s)<D_1,X_2(s)<D_2,\cdots X_k(s)<D_k,0\leqslant s\leqslant t\}\\
&=\prod_{i=1}^k P\{X_i(s)<D_i,0\leqslant s\leqslant t\}\\
&=R_{12}(t)\prod_{i=3}^k R_i(t),k=3,4\cdots n
\end{aligned}
$$

$$(3-9)$$

其中，$R_{12}(t)$ 表示子系统 1 的可靠度，通过构造 Kolmogrov 前向方程并求解可得到可靠度函数 $R_{12}(t)$ 的解析形式

$$R_{12}(t) = \int_0^a \int_0^\infty \sum_{n=1}^\infty \frac{2r}{\alpha \sigma_2^2 (1-\rho^2) t} \sin(\frac{n\pi}{\alpha} \varphi_0)$$

$$\times \exp\left(-\frac{\sigma_2 \mu_1 - \sigma_1 \mu_2 \rho}{\sigma_1 \sigma_2^2 (1-\rho^2)} r\cos\varphi - \frac{\mu_2}{\sigma_2^2 (1-\rho^2)} \sin\varphi\right) \qquad (3-10)$$

$$\times \exp\left(-\frac{\sigma_1^2 \mu_2^2 - 2\mu_1 \mu_2 \sigma_1 \sigma_2 \rho + \sigma_2^2 \mu_1^2}{2(1-\rho^2) \sigma_1^2 \sigma_2^2} t - \frac{r^2 + r_0^2}{2(1-\rho^2) \sigma_2^2 t}\right)$$

$$\times \sin(\frac{n\pi}{\alpha}) I_{\frac{n\pi}{\alpha}}\left(\frac{rr_0}{(1-\rho^2) \sigma_2^2 t}\right) dr d\varphi$$

其中，$\alpha = \mathrm{arcstan}\left(-\frac{\sqrt{1-\rho^2}}{\rho}\right) + \pi$，$r_0$ 和 φ_0 是以下方程的解

$$\begin{cases} r_0 \cos\varphi_0 = \frac{\sigma_2}{\sigma_1} l_1 - \rho l_2 \\ r_0 \sin\varphi_0 = \sqrt{1-\rho^2} l_2 \end{cases} \qquad (3-11)$$

$I_v(z)$ 是修正的 Bessel 函数

$$I_v(z) = \sum_{k=0}^\infty \frac{(\frac{z}{2})^{2k+v}}{k! \ \Gamma(k+v+1)}$$

其中，R_3，R_4，$\cdots$，R_k 的表达式如式（3-6）所示。

3.4　基于 Gamma 过程的多性能退化可靠性建模与评估方法

假设系统的第 k 个性能参数的退化过程是形状参数为 v_k、尺度参数为 u_k 的 Gamma 过程，$k=1，\cdots，K$。若有 n 个样品用于性能退化试验，对第 i 个样品进行 m_i 次性能测量（测量时间可忽略不计），第 i 个样品第 k 个性能初始测量值为 $G_{ik}(t_0) = 0$，第 j 次测量值为 $G_{ik}(t_j)$，相应的测量时间为 t_j，$i=1，\cdots，n$，$j=1，\cdots m_i$。

对于任意 k，令

$$\Delta G_{ik}(t_j) = G_{ik}(t_j) - G_{ik}(t_{j-1})$$

根据 Gamma 过程的独立增量性，有独立而不同分布的随机变量

$$\Delta G_{ik}(t_j) \sim Ga(v_k \Delta t_j, u_k)，\Delta t_j = t_j - t_{j-1}$$

则 $\Delta G_{ik}(t_j)$ 的概率密度函数为

$$f_k(\Delta G_{ik}(t_j)) = \frac{1}{\Gamma(v_k \Delta t_j) u_k^{v_k \Delta t_j}} (\Delta G_{ik}(t_j))^{v_k \Delta t_j - 1} \cdot \exp\left(-\frac{\Delta G_{ik}(t_j)}{u_k}\right)$$

相应的均值和方差分别为

$$E[\Delta G_{ik}(t_j)] = u_k v_k \Delta t_j，\mathrm{Var}[\Delta G_{ik}(t_j)] = u_k^2 v_k \Delta t_j$$

假设同一性能参数下的任意两个性能特征量在不同测量时间段的相关性可以忽略，即对于任意 i，当 $j \neq j'$ 时，$\Delta G_{ik}(t_j)$ 与 $\Delta G_{ik}(t_{j'})$ 相互独立。但是由于 $\Delta G_{ik}(t_j)$ 与 $\Delta G_{ik'}(t_{j'})$ 相关，设相关系数为 $\rho_{kk'}$，其中，$-1 < \rho_{kk'} < 1$。假设在试验过程中，对各个性

能参数的测量间隔时间都相同，即 $\Delta t_j = \Delta t$，为一常量，测量次数也相同，即 $m_i = m$，则退化增量 $\Delta G_{ik}(t_j)$ 可正态化为

$$U_{ij}^{(k)} = \frac{\Delta G_{ik}(t_j) - u_k v_k \Delta t}{\sqrt{v_k \Delta t\, u_k}}$$

由于 $U_{ij}^{(1)}, \cdots, U_{ij}^{(k)}$ 是独立同分布的随机变量，且满足

$$E(U_{ij}^{(k)}) = 0 \text{，} \mathrm{Var}(U_{ij}^{(k)}) = 1$$

$U_{ij}^{(k)}$ 与 $U_{ij}^{(k')}$ 的相关系数为

$$\mathrm{corr}(U_{ij}^{(k)}, U_{ij}^{(k')}) = \mathrm{corr}(\Delta G_{ik}(t_j), \Delta G_{ik'}(t_j)) = \rho_{kk'}$$

向量 $\left(\frac{1}{\sqrt{m}}\sum_{j=1}^{m}U_{ij}^{(1)}, \cdots, \frac{1}{\sqrt{m}}\sum_{j=1}^{m}U_{ij}^{(k)}\right)$ 的联合分布可由标准多维正态分布逼近，可得试验数据的似然函数为

$$L = \prod_{i=1}^{n}\left\{\phi_k\left[\frac{1}{\sqrt{m}}\sum_{j=1}^{m}U_{ij}^{(1)}, \cdots, \frac{1}{\sqrt{m}}\sum_{j=1}^{m}U_{ij}^{(K)}; 0, \Sigma\right]\right\} \cdot \prod_{j=1}^{m}\prod_{k=1}^{K}f_k[\Delta G_{ik}(t_j)]$$

相应的对数似然函数为

$$\ln L = \sum_{i=1}^{n}\ln\phi_k\left(\frac{1}{\sqrt{m}}\sum_{j=1}^{m}U_{ij}^{(1)}, \cdots, \frac{1}{\sqrt{m}}\sum_{j=1}^{m}U_{ij}^{(K)}; 0, \Sigma\right) +$$
$$\sum_{i=1}^{n}\sum_{j=1}^{m}\sum_{k=1}^{K}\ln f_k(\Delta G_{ik}(t_j))$$

根据多维正态分布和 Gamma 分布的密度函数表达式，可将上式进行简化。下面给出改模型的参数估计方法。

首先根据相关系数的定义，可知 Σ 的估计值 $\hat{\Sigma}$，可通过性能参数退化增量 $\Delta G_i(t_j) = (\Delta G_{i1}(t_j), \cdots, \Delta G_{iK}(t_j))$ 求得，具体表示如下

$$\hat{\Sigma} = \frac{1}{m}\sum_{j=1}^{m}[\Delta G_i(t_j) - \Delta\overline{G}_i][\Delta G_i(t_j) - \Delta\overline{G}_i]'$$

其中，$\Delta\overline{G}_i = (\Delta\overline{G}_{i1}, \cdots, \Delta\overline{G}_{iK})$，$\Delta\overline{G}_{ik} = \frac{1}{m}\sum_{j=1}^{m}\Delta G_{ik}(t_j)$。

由于模型比较复杂，难以用极大似然估计方法得到模型参数。将 $\hat{\Sigma}$ 代入模型中，可采用 MCMC 方法估计其余模型参数。

特别地，对于只有两个性能特征量的情形，其可靠度函数可简化为

$$R(t) = 1 - \Phi_1[U_1(t)] - \Phi_1[U_2(t)] + \Phi_2[U_1(t), U_2(t); \rho_{12}]$$

相应的概率密度函数为

$$f(t) = f(t; \alpha_1, \beta_1)\left(1 - \Phi_1\left(\frac{U_2(t) - \rho_{12}U_1(t)}{\sqrt{1 - \rho_{12}^2}}\right)\right) + f(t; \alpha_2, \beta_2)\left(1 - \Phi_1\left(\frac{U_1(t) - \rho_{12}U_2(t)}{\sqrt{1 - \rho_{12}^2}}\right)\right)$$

以上讨论的均是同类型随机过程下的多性能退化模型的构建和评估过程，对于 Wiener 过程与 Gamma 过程、Wiener 过程与逆高斯过程、逆高斯过程与 Gamma 过程等非同类型随机过程的相互独立的多性能退化模型的构建相对简单，可以视为单性能模型进行分析，此处不再赘述。但是对于同类型（或者不同类型）随机过程的多性能参数相依的退

化模型的构建则更为复杂，往往需要通过仿真模拟的手段进行初步分析。

3.5　数值算例

（1）数值算例 1

对于多性能 Wiener 过程相互独立的情况，此时，$\rho_{ij}=0$，$\boldsymbol{\Omega}=\begin{pmatrix} \sigma_1 & 0 & \cdots & 0 \\ 0 & \sigma_2 & \cdots & 0 \\ \vdots & \vdots & \ddots & \vdots \\ 0 & 0 & \cdots & \sigma_k \end{pmatrix}$ 多性

能 Wiener 线性退化过程的随机微分方程组可以表示为

$$\begin{bmatrix} \mathrm{d}X_1(t) \\ \mathrm{d}X_2(t) \\ \vdots \\ \mathrm{d}X_k(t) \end{bmatrix} = \begin{bmatrix} \mu_1 \\ \mu_2 \\ \vdots \\ \mu_k \end{bmatrix} \mathrm{d}t + \begin{pmatrix} \sigma_1 & 0 & \cdots & 0 \\ 0 & \sigma_2 & \cdots & 0 \\ \vdots & \vdots & \ddots & \vdots \\ 0 & 0 & \cdots & \sigma_k \end{pmatrix} \begin{bmatrix} \mathrm{d}B_1 \\ \mathrm{d}B_2 \\ \vdots \\ \mathrm{d}B_m \end{bmatrix}$$

当系统多性能退化量的平方和对应固定失效阈值 $D=r^2$ 时，系统寿命可以表示为

$$T_x = \inf\{t: X_1^2(t) + X_2{}^2(t) + \cdots + X_k{}^2(t) \geqslant r^2 \mid X(0) = x\}$$

利用 MATLAB 模拟出多性能退化系统的寿命分布图和概率密度函数，如图 3 - 1 和图 3 - 2 所示。选取参数：$k=4$，$\mu_1=2$，$\sigma_1=1$；$\mu_2=3$，$\sigma_2=3$，$\mu_3=4$，$\sigma_3=5$；$\mu_4=8$，$\sigma_4=1$，$r=10$，进一步求出系统寿命的均值 $E(T_x)$ 及方差 $\mathrm{Var}(T_x)$。

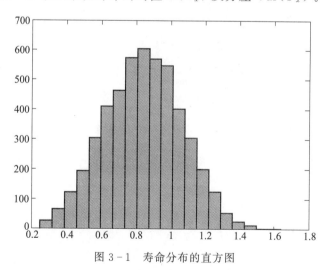

图 3 - 1　寿命分布的直方图

寿命分布的均值 $E(T_x)=0.843\,8$，寿命分布的方差 $\mathrm{Var}(T_x)=0.048\,7$。

（2）数值算例 2

当系统多性能退化量的平方和对应固定失效阈值 $D=r^k$ 时，系统寿命可以表示为

$$T_x = \inf\{t: X_1^2(t) + X_2{}^2(t) + \cdots + X_k{}^2(t) \geqslant r^k \mid X(0) = 0\}$$

选取参数 $k=3$，$\mu_1=2$，$\sigma_1=1$；$\mu_2=3$，$\sigma_2=3$，$\mu_3=4$，$\sigma_3=5$，$\rho_{12}=0.7$，$r=10$，

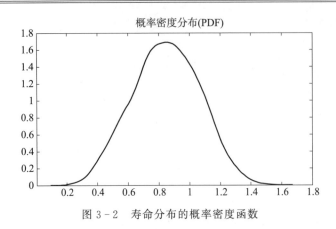

图 3 - 2　寿命分布的概率密度函数

利用 MATLAB 模拟出多性能退化寿命分布直方图和概率密度函数，如图 3 - 3 和图 3 - 4 所示。进一步求出寿命的均值 $E(T_x)$ 及方差 $\mathrm{Var}(T_x)$。

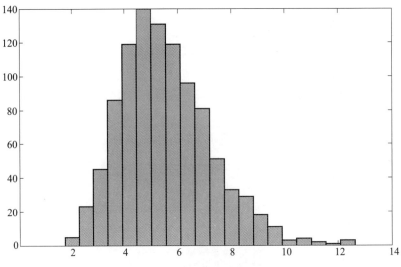

图 3 - 3　寿命分布的直方图

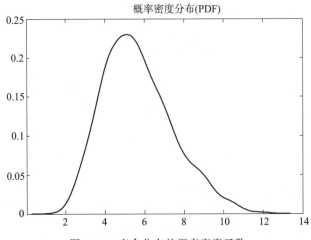

图 3 - 4　寿命分布的概率密度函数

则此时

$$\boldsymbol{\Omega} \times \boldsymbol{\Omega}^{\mathrm{T}} = \begin{pmatrix} \sigma_1^2 & \rho_{12}\sigma_1\sigma_2 & 0 \\ \rho_{12}\sigma_1\sigma_2 & \sigma_2^2 & 0 \\ 0 & 0 & \sigma_3^2 \end{pmatrix} = \begin{pmatrix} 1 & 2.1 & 0 \\ 2.1 & 9 & 0 \\ 0 & 0 & 25 \end{pmatrix}$$

寿命分布的均值 $E(T_x) = 5.550\ 8$，寿命分布的方差 $\mathrm{Var}(T_x) = 2.868\ 0$。

（3）数值算例 3

①系统二维性能退化量固定失效阈值为圆形区域

系统二维性能退化量固定失效阈值为圆形区域时，寿命时间分布为

$$T_x = \inf\{t : X_1^2(t) + X_2^2(t) \geqslant r^2 \mid X(0) = x\}$$

进一步求出系统寿命的均值 $E(T_x)$ 及方差 $\mathrm{Var}(T_x)$。

选取参数 $\mu_1 = 2$，$\sigma_1 = 2$；$\mu_2 = 3$，$\sigma_2 = 3$，$\rho = 0.3$，$r = 5$，此时二维性能退化过程可用随机微分方程组表示，即

$$\begin{bmatrix} \mathrm{d}X_1(t) \\ \mathrm{d}X_2(t) \end{bmatrix} = \begin{bmatrix} \mu_1 \\ \mu_2 \end{bmatrix} \mathrm{d}t + \boldsymbol{\Omega} \begin{bmatrix} \mathrm{d}B_1 \\ \mathrm{d}B_2 \end{bmatrix}$$

其中，$\boldsymbol{\Omega} \times \boldsymbol{\Omega}^{\mathrm{T}} = \begin{pmatrix} 4 & 0.18 \\ 0.18 & 9 \end{pmatrix}$。

利用 MATLAB 模拟出二维性能退化的系统寿命分布，如图 3-5 和图 3-6 所示。

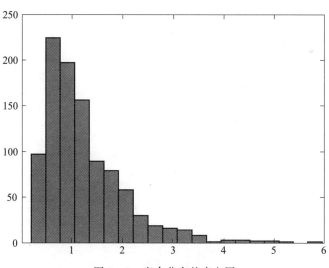

图 3-5　寿命分布的直方图

寿命分布的均值 $E(T_x) = 1.223\ 2$，寿命分布的方差 $\mathrm{Var}(T_x) = 0.616\ 2$。

②系统二维性能退化量固定失效阈值为矩形区域

系统二维性能退化量固定失效阈值为矩形区域时，寿命时间分布为

$$T_x = \inf\{t : X_1(t) \geqslant D_1 \text{ 或 } X_2(t) \geqslant D_2 \mid X(0) = x\}$$

进一步求出寿命的均值 $E(T_x)$ 及方差 $\mathrm{Var}(T_x)$，

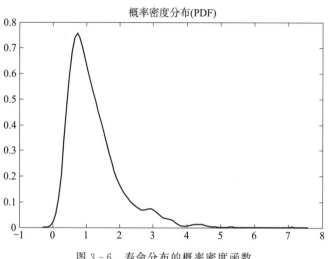

图 3-6　寿命分布的概率密度函数

选取参数 $\mu_1=2$，$\sigma_1=2$；$\mu_2=3$，$\sigma_2=3$，$\rho=0.3$，$D_1=5$，$D_2=10$，此时，二维性能退化过程可用随机微分方程组表示，即

$$\begin{bmatrix} \mathrm{d}X_1(t) \\ \mathrm{d}X_2(t) \end{bmatrix} = \begin{bmatrix} \mu_1 \\ \mu_2 \end{bmatrix} \mathrm{d}t + \boldsymbol{\Omega} \begin{bmatrix} \mathrm{d}B_1 \\ \mathrm{d}B_2 \end{bmatrix}$$

其中，$\boldsymbol{\Omega} \times \boldsymbol{\Omega}^{\mathrm{T}} = \begin{pmatrix} 4 & 0.18 \\ 0.18 & 9 \end{pmatrix}$。

利用 MATLAB 模拟出二维性能退化的寿命分布，如图 3-7 和图 3-8 所示。

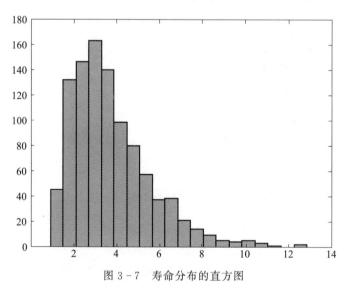

图 3-7　寿命分布的直方图

寿命分布的均值 $E(T_x)=3.895\,5$，寿命分布的方差 $\mathrm{Var}(T_x)=4.213\,2$。

③系统二维性能退化量固定失效阈值为椭圆区域

系统二维性能退化量固定失效阈值为椭圆区域时，寿命时间分布为

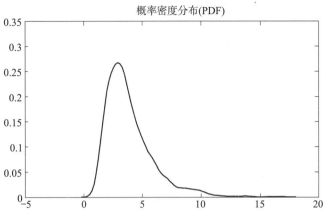

图 3-8　寿命分布的概率密度函数

$$T_x = \inf\{t : b^2 X_1^2(t) + a^2 X_2^2(t) \geqslant a^2 b^2 \mid X(0) = x\}$$

进一步求出寿命的均值 $E(T_x)$ 及方差 $\mathrm{Var}(T_x)$。

选取参数 $\mu_1 = 2$，$\sigma_1 = 2$；$\mu_2 = 3$，$\sigma_2 = 3$，$\rho = 0.3$，$a^2 = 16$，$b^2 = 9$，此时二维性能退化过程可用随机微分方程组表示，即

$$\begin{bmatrix} \mathrm{d}X_1(t) \\ \mathrm{d}X_2(t) \end{bmatrix} = \begin{bmatrix} \mu_1 \\ \mu_2 \end{bmatrix} \mathrm{d}t + \boldsymbol{\Omega} \begin{bmatrix} \mathrm{d}B_1 \\ \mathrm{d}B_2 \end{bmatrix}$$

其中 $\boldsymbol{\Omega} \times \boldsymbol{\Omega}^{\mathrm{T}} = \begin{pmatrix} 4 & 0.18 \\ 0.18 & 9 \end{pmatrix}$。

利用 MATLAB 模拟出二维性能退化的寿命分布，如图 3-9 和图 3-10 所示。

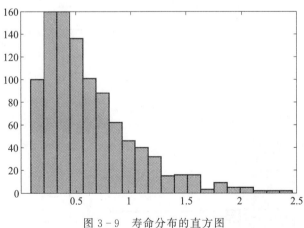

图 3-9　寿命分布的直方图

系统寿命分布的均值 $E(T_x) = 0.6450$，寿命分布的方差 $\mathrm{Var}(T_x) = 0.2090$。

④系统二维性能退化量固定失效阈值为一般函数

系统二维性能退化量固定失效阈值为一般函数时，寿命分布可表示为

$$T_x = \inf\{t : f(X_1(t), X_2(t)) \geqslant D \mid X(0) = x\}$$

概率密度分布(PDF)

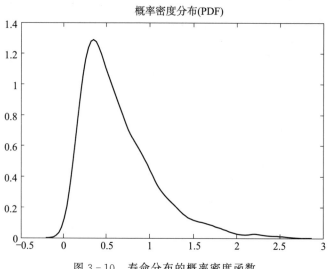

图 3-10　寿命分布的概率密度函数

进一步求出寿命的均值 $E(T_x)$ 及方差 $\mathrm{Var}(T_x)$。

令函数 $f(X_1(t),\ X_2(t))=aX_1^2(t)+bX_2(t)$，选取参数
$$\mu_1=2,\sigma_1=2;\mu_2=3,\sigma_2=3,\rho=0.3\ ,\ a=5,b=6,D=20$$

此时二维性能退化过程可用随机微分方程组 $\begin{bmatrix}\mathrm{d}X_1(t)\\\mathrm{d}X_2(t)\end{bmatrix}=\begin{bmatrix}\mu_1\\\mu_2\end{bmatrix}\mathrm{d}t+\boldsymbol{\Omega}\begin{bmatrix}\mathrm{d}B_1\\\mathrm{d}B_2\end{bmatrix}$ 表示，其

中 $\boldsymbol{\Omega}\times\boldsymbol{\Omega}^{\mathrm{T}}=\begin{pmatrix}4&0.18\\0.18&9\end{pmatrix}$。

利用 MATLAB 模拟出二维性能退化的寿命分布，如图 3-11 和图 3-12 所示。

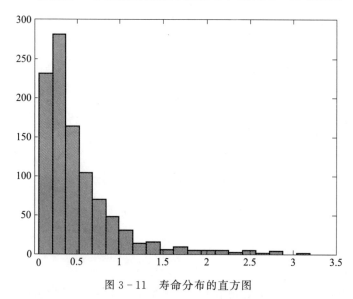

图 3-11　寿命分布的直方图

寿命分布的均值 $E(T_x)=0.520\ 2$，寿命分布的方差 $\mathrm{Var}(T_x)=0.181\ 4$。

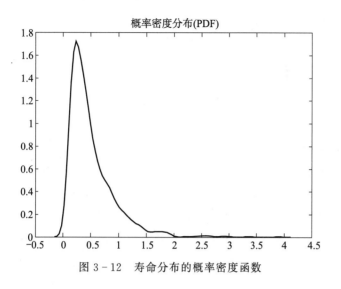

图 3 - 12　寿命分布的概率密度函数

3.6　本章小结

　　本章主要研究了系统多性能参数退化过程及失效阈值设计，考虑了失效阈值的特殊性，包括融合后的阈值表达式；并根据多性能参数情形下的退化建模，给出了基于多元正态分布和多元 Weibull 分布的可靠性模型解析表达式；利用 Wiener 过程、Gamma 过程，分别讨论了多性能退化可靠性模型，并以两参数为例，给出了解析表达式和数值算例。

第 4 章　动态阈值系统退化建模与可靠性评估方法

系统退化可靠性建模中，系统是否失效往往是根据给定的失效阈值来判断的。一般情况下，系统的失效阈值是一个固定常量，在系统整个运行阶段不发生动态变化，此类失效阈值称之为静态失效阈值，目前绝大多数退化可靠性建模研究是针对静态失效阈值开展的。然而，在工程实际中，这种定义或假设往往不太合理，由于系统运行环境的变化（如温度、湿度、压力和振动等）以及产品材质、操作人员差异等众多因素影响，系统的失效阈值常常是动态变化的，甚至可以视为一个随机变量。例如，船舶系统从近海到远海执行重大任务时，由于水文气象环境的动态变化，系统性能退化失效阈值就是一个典型的动态变化过程。

本章首先对线性阈值情形下系统退化过程模型进行研究，提出直线型和曲线型阈值退化可靠性评估方法；然后，针对多性能退化指标形成的区域阈值，对圆形、矩形、椭圆和多维立体等特殊失效阈值区域可靠性评估问题进行研究；最后，采用蒙特卡罗模拟方法探讨随机阈值情形下系统可靠性评估方法。

4.1　线性阈值情形下系统退化建模与可靠性评估

4.1.1　系统退化建模

4.1.1.1　模型假设

线性阈值情形下系统退化模型假设如下：

1）系统退化过程有且仅有一个性能退化参数，$X(t)$ 表示时刻 t 的性能退化量，且服从给定的随机过程

$$X(t) = \mu(t) + \sigma W(t)，或者 \, \mathrm{d}X(t) = \mu'(t)\mathrm{d}t + \sigma \mathrm{d}W(t) \qquad (4-1)$$

其中，$W(t)$ 是标准一维 Wiener 过程（标准布朗运动），$\mu(t)$ 和 σ 为漂移系数和扩散系数，$\mu(t)$ 为连续函数且满足 $\mu(t) \geqslant \mu(0) = X(0) = x$，不失一般性，我们假定 $x > 0$。

2）$Y(t)$ 为给定的线性函数，表示时刻 t 系统退化量阈值，且

$$Y(0) = y, X(0) < Y(0)$$

3）随机变量 $T_{Y(t)}^{x}$ 定义为 $X(t)$ 首次到达 $Y(t)$ 的时刻，即系统首次到达时，

$$T_{Y(t)}^{x} = \inf\{X(t) = Y(t) \mid X(0) = x < y = Y(0)\}$$

进一步假定 $P(T_{Y(t)}^{x} < \infty) = 1$，并且存在有限 n 阶矩（$n \leqslant n_0$）

$$M_n(x,y) = E((T_{Y(t)}^{x})^n), n \leqslant n_0$$

4）系统可靠度 $R(t)$ 定义为：时刻 t 系统的性能退化量 $X(t)$ 不超过 $Y(t)$ 的概率

$$R(t) = P\{T_{Y(t)}^{x} > t \mid X(0) = x\}$$

4.1.1.2　退化轨迹

根据以上假设，线性阈值情形下系统可能的退化轨迹如图 4－1 所示，从图中可以看出当系统退化量超过线性动态变化阈值 $Y(t)$ 时，系统失效，即 t_N 为系统的 FPT。

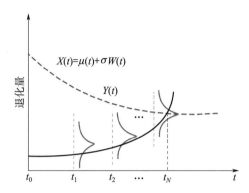

图 4－1　线性阈值情形下系统可能的退化轨迹

4.1.2　系统可靠性评估方法

一元 Wiener 退化过程模型参数的估计较为简单，本节将重点探讨两种不同线性阈值情形下系统可靠度及相关指标的计算方法。

（1）情形一（直线型）：$\dfrac{\mathrm{d}Y}{\mathrm{d}t} = k$，$k \neq 0$

此时，$Y(t)$ 可看作是斜率为 k 的直线，由于 $Y(0) = y$，不仿设 $Y(t) = kt + y$。

首先，根据已有文献研究成果，给出 $k = 0$ 时相关指标的求解结果：

根据参考文献 [108]，当 $k = 0$ 时，此时失效阈值是一个常量，$T_{Y(t)}^{x}$ 的一阶矩和二阶矩表示为

$$M_1(x, y) = \frac{y - x}{\mu'(t)} \tag{4-2}$$

$$M_2(x, y) = \frac{\sigma^2(y - x)}{\mu'(t)^3} + \frac{(y - x)^2}{\mu'(t)^2} \tag{4-3}$$

当 $k = 0$ 时，我们进一步给出以下引理：

引理 4.1　对于一个给定的 Wiener 扩散过程

$$X(t) = \mu(t) + \sigma W(t)，或者 \mathrm{d}X(t) = \mu'(t)\mathrm{d}t + \sigma \mathrm{d}W(t)，t \geqslant 0$$

其中，$\mu(t)$ 在任何时刻 t 都是可微的，$\mu(t) \geqslant \mu(0) = X(0) = x > 0$。令

$$T_y^x = \inf\{t : X(t) = y \mid X(0) = x\}，x < y,$$

则有

$$P\{T_y^x \leqslant t\} = \Phi\left(\frac{-y + \mu(t)}{\sigma\sqrt{t}}\right) + \exp\left(\frac{\mu(t) - x}{\sigma^2 t} 2(y - x)\right)\Phi\left(\frac{-y - \mu(t) + 2x}{\sigma\sqrt{t}}\right)$$

其中，$\Phi(x) = \dfrac{1}{\sqrt{2\pi}}\displaystyle\int_{-\infty}^{x} \mathrm{e}^{-\frac{t^2}{2}}\mathrm{d}t$，为标准正态分布的分布函数。

证明：根据参考文献［151］，该定理易于证明。

引理 4.1 给出了具有漂移系数 $\mu'(t)$ 和扩散系数 σ 的 Wiener 过程首次到达时的分布函数。于是，根据系统可靠度的定义可进一步得出

$$R(t)=\Phi\left(\frac{y-\mu(t)}{\sigma\sqrt{t}}\right)-\exp\left(\frac{\mu(t)-x}{\sigma^2 t}2(y-x)\right)\Phi\left(\frac{-y-\mu(t)+2x}{\sigma\sqrt{t}}\right) \qquad (4-4)$$

因此，在情形一下，即 $k\neq 0$ 时，令 $X(t)=\hat{X}(t)+kt$，则原随机过程可表示为

$$\mathrm{d}\hat{X}(t)=(\mu'(t)-k)\mathrm{d}t+\sigma\mathrm{d}W(t) \qquad (4-5)$$

显然，采用以上方法即将原问题转化为新的随机过程 $\hat{X}(t)$ 且其退化失效阈值为常量的问题，易于求得

$$M_1(x,y)=\frac{y-x}{\mu'(t)-k} \qquad (4-6)$$

$$M_2(x,y)=\frac{\sigma^2(y-x)}{(\mu'(t)-k)^3}+\frac{(y-x)^2}{(\mu'(t)-k)^2} \qquad (4-7)$$

$$R(t)=\Phi\left(\frac{y-\mu(t)+kt}{\sigma\sqrt{t}}\right)-\exp\left(\frac{\mu(t)-kt-x}{\sigma^2 t}2(y-x)\right)\Phi\left(\frac{-y-\mu(t)+kt+2x}{\sigma\sqrt{t}}\right)$$

$$(4-8)$$

（2）情形二（曲线型）：$\dfrac{\mathrm{d}Y}{\mathrm{d}t}=f(t)$，$k\neq 0$，$Y(0)=y$

此时，$Y(t)$ 是一般的连续线性函数，首先给出 $M_n(x,y)$ 的求解方法如下：

令 $P(y,t\mid x,s)$ 表示随机微分（4-1）解的转移概率密度函数，根据参考文献［108］、［149］以及 Kolmogorov 定理可得

$$\frac{\partial P(y,t\mid x,s)}{\partial t}=-L_x^* P(y,t\mid x,s) \qquad (4-9)$$

其中，L_x^* 是 Backward Kolmogorov 算子。

$M_n(x,y)$ 满足以下递归方程

$$L_x^*(M_n)=-nM_{n-1},(x,y)\in D \qquad (4-10)$$

其中，D 是 $(X(t),Y(t))$ 到达 $X=Y$ 过程所经过的点集 (x,y)，∂D 是 D 的边界，如图 4-2 所示。

显然，当 $(x,y)\in\partial D$ 时，$T_{Y(t)}^x=0$，于是可得到以下边界值条件

$$M_n(x,y)=0,(x,y)\in\partial D \qquad (4-11)$$

以下将进一步探讨情形二下系统可靠度的计算方法，根据参考文献［149］给出以下定理。

定理 4.1（FPT 的边界值问题）对于一个给定的 Wiener 扩散过程

$$X(t)=\mu(t)+\sigma W(t)，或者 \mathrm{d}X(t)=\mu'(t)\mathrm{d}t+\sigma\mathrm{d}W(t),t\geqslant 0$$

其中，$\mu(t)$ 在任何时刻 t 都是可微的，$\mu(t)\geqslant\mu(0)=X(0)=x>0$。定义

$$\tau_D=\inf\{t>s,X(t)\in\partial D\mid X(s)=x\}$$

D 是 $\mathbb{R}=(-\infty,\infty)$ 的子集，∂D 是 D 的边界。则有

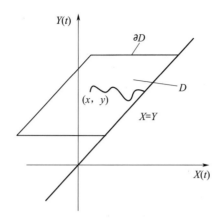

图 4-2　点集 (x, y) 构成的区域 D 和 ∂D

$$P\{\tau_D < T \mid X(s) = x\} = u(x, s, T)$$

$u(x, s, t)$ 是下述边界值问题的解

$$\frac{\partial u(x, t, T)}{\partial t} + L_x^* u(x, t, T) = 0, \text{for } x \in D, s \leqslant t < T$$

$$u(x, t, T) = 1, \, x \in \partial D, t < T$$

$$u(x, t, T) = 0, \, x \in D$$

注：在参考文献［149］中，定理 4.1 是以任意 n 维向量的情形给出的。在一维情形下，例如，$dX(t, \omega) = b(t, \omega)dt + \sigma(t, \omega)dW(t, \omega)$，$\omega \in \Omega$ 且 $x(0) = 0$，假定 $b(t, \omega)$ 和 $\sigma(t, \omega)$ 满足随机微分方程解的存在性和唯一性条件，我们可以得到

$$P\{\tau_D > T \mid X(s) = x\} = 1 - u(x, s, T) = v(x, s, T) \tag{4-12}$$

$$L_x^* v(x, t, T) = b(t, \omega) \frac{\partial v(x, t, T)}{\partial x} + \frac{1}{2}\sigma^2(t, \omega) \frac{\partial^2 v(x, t, T)}{\partial x^2} \tag{4-13}$$

$$\begin{cases} \dfrac{\partial v(x, t, T)}{\partial t} = b(t, \omega) \dfrac{\partial v(x, t, T)}{\partial x} + \dfrac{1}{2}\sigma^2(t, \omega) \dfrac{\partial^2 v(x, t, T)}{\partial x^2} \\ v(x, t, T) = 0, \, x \in \partial D \\ v(x, t, T) > 0, \, x \in D \end{cases} \tag{4-14}$$

于是，利用定理 4.1 即可求得 $u(x, s, T)$ 或 $v(x, s, T)$ 的解析解。根据相关定义即可进一步得出系统可靠度的解析解为

$$R(t) = v(x, s, T) = v(x, 0, t) \tag{4-15}$$

4.1.3　数值算例

本节将采用两个数值算例对公式的应用进行简要说明。

（1）情形一数值算例

对于 $X(t) = \mu(t) + \sigma W(t)$，令 $\mu(t) = 2t + 4$，$\sigma = 5$，$y(t) = -0.02t + 8$，可将原随机过程转化为 $\hat{X}(t) = X(t) - y(t) = 2.02t + 5W(t)$，$y(0) = y = 8$。

由引理 4.1 和公式（4-8）可得

$$R(t) = \Phi\left(\frac{y - \mu(t) + kt}{\sigma\sqrt{t}}\right) - \exp\left(\frac{\mu(t) - kt - x}{\sigma^2 t} 2(y - x)\right) \Phi\left(\frac{-y - \mu(t) + kt + 2x}{\sigma\sqrt{t}}\right)$$

$$= \Phi\left(\frac{4 - 2.02t}{5\sqrt{t}}\right) - \exp\left(\frac{16.16t}{25t}\right) \Phi\left(\frac{-2.02t - 4}{5\sqrt{t}}\right)$$

系统可靠度变化规律如图 4-3 中实线所示。

（2）情形二数值算例

令 $\mu(t) = 2t + 4$，$\sigma = 5$，$y(t) = -0.02t + 8$，$y(t) = -0.02t^2 + 8$，由定理 4.1，求解系统可靠度的解析解，其变化规律如图 4-3 中虚线所示。

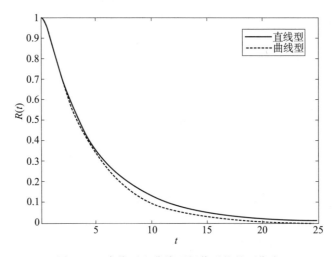

图 4-3　直线型和曲线型阈值系统的可靠度

从图 4-3 可以清楚地看出，情形一的可靠度比情形二高，这是因为情形一的失效阈值 $[y(t) = -0.02t + 8]$ 大于情形二的失效阈值 $[y(t) = -0.02t^2 + 8]$，评估结果与实际相符。此外，随着运行时间的增加，系统的退化量逐渐向增大的方向漂移，两种情形下系统的可靠度均趋近于 0。

4.2　区域阈值情形下系统退化建模与可靠性评估方法

区域动态阈值主要有两种类型：一种是单性能退化中多个线性边界函数形成的阈值区域，如线性阈值函数 $Y(t)$ 和 $Z(t)$ 构成的动态边界；另一种是多个退化性能指标的函数形成的阈值区域，如两个指标构成的圆、椭圆、矩形以及三个指标构成的三维立体曲面区域等。第一种情况下可靠度评估方法在本质上与 4.1 节相似，因此，本节仅对第二种区域动态阈值进行讨论，并重点研究两个性能退化指标下动态区域阈值对应的系统可靠性评估方法。

4.2.1　系统退化建模

4.2.1.1　模型假设

首先，给出多性能退化区域阈值系统退化模型的相关假设如下：

1) 系统退化过程有 k 个性能退化量 $\{X_1(t), X_2(t), \cdots, X_k(t)\}$，$k=2,3,\cdots,$ n，记向量 $\boldsymbol{X}(t) = \{X_1(t), X_2(t), \cdots, X_k(t)\}$，且系统的多性能退化过程 $\{\boldsymbol{X}(t), t \geqslant 0\}$ 为 k 维 Wiener 过程，$\mathrm{d}\boldsymbol{X}(t) = \boldsymbol{\mu}(\boldsymbol{X}(t), t)\mathrm{d}t + \boldsymbol{\sigma}(\boldsymbol{X}(t), t)\mathrm{d}W(t)$，$\boldsymbol{X}(0) = \boldsymbol{0}$。

2) 系统失效准则为：当多个性能退化参数的函数值超过某一给定值时，系统失效，不失一般性，记为 $f(X_1(t), X_2(t), \cdots, X_k(t)) \geqslant l^2$，此时系统的失效阈值是一个动态区域阈值。

3) 随机变量 T 表示系统寿命或首达时，则

$$T = \inf\{t : f(X_1(t), X_2(t), \cdots, X_k(t)) \geqslant l^2, k=2,3,\cdots,n\}$$

4.2.1.2　退化轨迹

根据模型假设可知，系统退化参数的个数和退化失效函数形式直接影响阈值区域的类型。对于阈值函数 $f(X_1(t), X_2(t), \cdots, X_k(t)) \geqslant l^2$，几种典型的动态阈值区域描述如下：

（1）二维性能退化圆形失效阈值区域

此时，$k=2$，$f(X_1(t), X_2(t)) = X_1^2(t) + X_2^2(t) \geqslant l^2$，则系统寿命

$$T = \inf\{t : X_1^2(t) + X_2^2(t) \geqslant l^2 \mid \boldsymbol{X}(0) = \boldsymbol{0}\} \tag{4-16}$$

（2）二维性能退化矩形失效阈值区域

此时，$k=2$，$f(X_1(t), X_2(t)) = \{X_1(t) \geqslant l_1^2 \text{ 或 } X_2(t) \geqslant l_2^2\}$，则系统寿命

$$T = \inf\{t : X_1(t) \geqslant l_1^2 \text{ 或 } X_2(t) \geqslant l_2^2 \mid \boldsymbol{X}(0) = \boldsymbol{0}\}. \tag{4-17}$$

（3）二维性能退化椭圆失效阈值区域

此时，$k=2$，$f(X_1(t), X_2(t)) = a^2 X_1^2(t) + b^2 X_2^2(t) \geqslant l^2$，$a^2 \neq b^2$，则系统寿命

$$T = \inf\{t : a^2 X_1^2(t) + b^2 X_2^2(t) \geqslant l^2, a^2 \neq b^2 \mid \boldsymbol{X}(0) = \boldsymbol{0}\} \tag{4-18}$$

显然，当 $a^2 = b^2$ 时，即为情形（1）中的圆形区域。

（4）三维性能退化的球面失效阈值区域

此时，$k=3$，$f(X_1(t), X_2(t), X_3(t)) = X_1^2(t) + X_2^2(t) + X_3^2(t) \geqslant l^2$，则系统寿命

$$T = \inf\{t : X_1^2(t) + X_2^2(t) + X_3^2(t) \geqslant l^2, \mid \boldsymbol{X}(0) = \boldsymbol{0}\} \tag{4-19}$$

显然，系统退化轨迹与阈值区域类型具有一定的联系，图 4-4 描绘了圆形动态失效阈值情形下系统可能的退化轨迹。

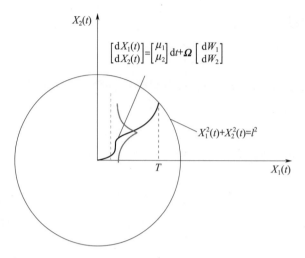

$$\begin{bmatrix} \mathrm{d}X_1(t) \\ \mathrm{d}X_2(t) \end{bmatrix} = \begin{bmatrix} \mu_1 \\ \mu_2 \end{bmatrix} \mathrm{d}t + \boldsymbol{\Omega} \begin{bmatrix} \mathrm{d}W_1 \\ \mathrm{d}W_2 \end{bmatrix}$$

$$X_1^2(t) + X_2^2(t) = l^2$$

图 4 - 4   圆形动态失效阈值情形下系统可能的退化轨迹

4.2.2 系统可靠性评估方法

4.2.2.1 模型参数估计

假设共有 n 个系统进行性能退化试验，试验过程中对性能参数的测量采用平衡测量的方式，即在同一时刻对 k 个性能参数进行测量。对系统 i 在时刻 t_1，t_2，…，t_{mi} 对 k 个性能参数的退化过程 $X_1(t)$，$X_2(t)$，…，$X_k(t)$ 进行测量，得到测量数据为

$$\begin{pmatrix} X_{i1}(t_1), & X_{i1}(t_2), & \cdots, & X_{i1}(t_{mi}) \\ \vdots & \vdots & \ddots & \vdots \\ X_{ik}(t_1), & X_{ik}(t_2), & \cdots, & X_{ik}(t_{mi}) \end{pmatrix}$$

记 $\Delta X_{ik}(t_j) = X_{ik}(t_j) - X_{ik}(t_{j-1})$ 为样本 i 在时刻 $t_{i, j-1}$ 至 $t_{i, j}$ 期间的退化增量，其中 $i = 1$，2，…，n，$j = 1$，2，…，m_i，$k = 1$，2，…，K。令

$$\Delta t_j = t_j - t_{j-1}, \Delta X_i(t_j) = (\Delta X_{i1}(t_j), \Delta X_{i2}(t_j), \cdots, \Delta X_{ik}(t_j))$$

由多元 Wiener 过程的性质可知 $\Delta X_i(t_j)$ 相互独立且服从多维正态分布 $N(\boldsymbol{\mu} \Delta t_j, \Delta t_j \boldsymbol{\Sigma})$。

当 $p_1 \neq p_2$ 或者 $q_1 \neq q_2$ 时，$\Delta X_{p_1 k}(t_{q_1})$ 与 $\Delta X_{p_2 k}(t_{q_2})$ 相互独立，即相关系数的信息仅存在于 $(\Delta X_{ik}(t_j)$，…，$\Delta X_{ik'}(t_j))$ 中。因此在参数估计时，首先对 μ_k，σ_k^2 进行估计，可得

$$\hat{\mu}_k = \frac{\sum_{i=1}^{n} X_{ik}(t_{m_i})}{\sum_{i=1}^{n} t_{m_i}}, \hat{\sigma}_k^2 = \frac{1}{\sum_{i=1}^{n} m_i} \left[\sum_{i=1}^{n} \sum_{j=1}^{m_i} \frac{(\Delta X_{ik}(t_j))^2}{\Delta t_j} - \frac{(\sum_{i=1}^{n} X_{ik}(t_{m_i}))^2}{\sum_{i=1}^{n} t_{m_i}} \right] \quad (4-20)$$

然后得到相关系数 $\rho_{kk'}$ 的参数估计为

$$\hat{\rho}_{kk'} = \frac{1}{\sum_{i=1}^{n} m_i \hat{\sigma}_k \hat{\sigma}_{k'}} \left[\sum_{i=1}^{n} \sum_{j=1}^{m_i} \frac{(\Delta X_{ik}(t_j) - \hat{\mu}_k \Delta t_j)(\Delta X_{ik'} - \hat{\mu}_{k'} \Delta t_j)}{\Delta t_j} \right] \quad (4-21)$$

4.2.2.2　可靠度仿真计算方法

对于区域动态阈值，采用解析方法难于求解系统的可靠度，一般采用蒙特卡罗模拟方法求解。蒙特卡罗模拟方法求解步骤如下：

1) 根据提出的问题构造一个简单、适用的概率模型或随机模型，使问题的解对应于该模型中随机变量的某些特征（如概率、均值和方差等），所构造的模型在主要特征参量方面要与实际问题或系统相一致。

2) 根据模型中各个随机变量的分布，在计算机上产生随机数，实现一次模拟过程所需的足够数量的随机数。通常先产生均匀分布的随机数，然后生成服从某一分布的随机数，方可进行随机模拟试验。

3) 根据概率模型的特点和随机变量的分布特性，设计和选取合适的抽样方法，并对每个随机变量进行随机抽样。

4) 按照所建立的模型进行仿真试验、计算，求出问题的随机解。

5) 统计分析模拟试验结果，给出问题的概率解及精度估计。

基于蒙特卡罗模拟法，区域阈值情形下系统退化可靠性模拟求解步骤如下：

第一步，确定仿真步长 h 和间隔数目 m ，使得 $mh = T$ ，T 为终止时间。

第二步，将随机微分方程近似转化为以下差分方程

$$\hat{X}_{kh} = \hat{X}_{(k-1)h} + \mu\left((k-1)h, \hat{X}_{(k-1)h}\right)h + \sigma\left((k-1)h, \hat{X}_{(k-1)h}\right)\sqrt{h} Z_k$$

其中，Z_k 为独立同分布的标准正态随机变量。

第三步，采用 MATLAB 进行仿真计算，估计系统寿命、均值和方差，拟合系统寿命的直方图、概率密度函数和可靠度函数曲线。

4.2.3　数值算例

以椭圆失效阈值区域为例，选取参数 $\mu_1 = 2$ ，$\sigma_1 = 2$ ，$\mu_2 = 3$ ，$\sigma_2 = 3$ ，$\rho = 0.3$ ，$a^2 = 16$ ，$b^2 = 9$ ，$l^2 = 25$ ，此时二维性能退化过程可用以下随机微分方程组表示

$$\begin{bmatrix} \mathrm{d}X_1(t) \\ \mathrm{d}X_2(t) \end{bmatrix} = \begin{bmatrix} \mu_1 \\ \mu_2 \end{bmatrix}\mathrm{d}t + \boldsymbol{\Omega}\begin{bmatrix} \mathrm{d}W_1 \\ \mathrm{d}W_2 \end{bmatrix}$$

其中，$\boldsymbol{\Omega} \times \boldsymbol{\Omega}^{\mathrm{T}} = \begin{pmatrix} 4 & 0.18 \\ 0.18 & 9 \end{pmatrix}$ 。利用 MATLAB 模拟出系统退化过程寿命分布直方图和概率密度函数，如图 4-5 所示。可靠度函数如图 4-6 所示，寿命均值 $E(T) = 0.645\,0$ ，方差 $\mathrm{Var}(T) = 0.209\,0$ 。

从图 4-6 可以清楚地看出，对于椭圆边界形成的失效阈值，在系统运行初期，两个性能参数的退化量均由初始值 0 逐渐向增大的方向漂移，系统可靠度呈现加速减小的态势，但随着系统运行时间的增加，两个性能参数的退化量同时增大，更加接近于失效阈值，系统的可靠度趋近于 0。因此，采用蒙特卡罗模拟法可以求解区域阈值情形下退化系统的可靠度。

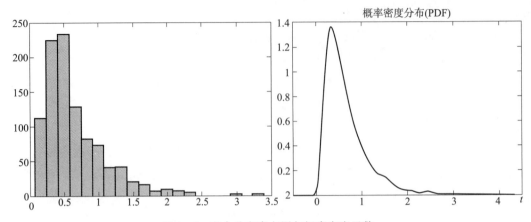

图 4-5　寿命分布直方图与概率密度函数

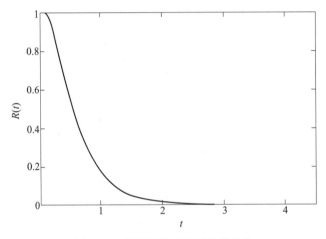

图 4-6　椭圆阈值系统可靠度函数

4.3　随机阈值情形下系统退化建模与可靠性评估方法

4.3.1　系统退化建模

4.3.1.1　模型假设

随机阈值情形下系统退化模型假设如下:

1) 在 4.2.1.1 节假设 1) 的基础上,进一步假定 $\mu(t)=\theta g(t)$,θ 是未知参数(可看作一个随机变量),$g(t)$ 为已知函数,且 $\mu(t) \geqslant \mu(0)=\theta g(0)=\theta x$,不失一般性,假定 $x > 0$ 。

2) 系统失效阈值是一个随机变量 D ,且其概率密度函数为 $f_D(u)$ 。

3) 系统的可靠性定义为时刻 t 退化量 $X(t)$ 不超过随机阈值 D 的概率,即

$$R(t \mid D) := P\{T_D^{\theta x} > t \mid X(0)=\theta x\} = P\{\max_{0 \leqslant s \leqslant t} X(s) < D \mid X(0)=\theta x\}$$

其中，$T_D^{\theta x}$ 表示系统首次到达时或寿命，且 $T_D^{\theta x} = \inf\{t：X(t) > D \mid X(0) = \theta x\}$，$D > \theta x > 0$。

4）扩散系数 σ 在系统全生命周期中保持不变，为一给定常数。

4.3.1.2　退化轨迹

根据以上假设，随机阈值情形下系统可能的退化轨迹如图 4-7 所示，从图中可以看出当系统退化量超过随机动态变化阈值 D 时，系统失效，即 t_N 为系统的 FPT。

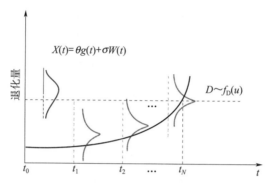

图 4-7　随机阈值情形下系统可能的退化轨迹

4.3.2　系统可靠性评估方法

根据未知参数 θ 的随机特性，分别给出以下两种不同情形下系统可靠性的评估方法：

情形一：性能退化数据充足，θ 的估计值易于估计。

首先，采用极大似然法（MLE）求 θ 的估计值 $\hat{\theta}$，然后采用随机过程理论方法推导得出系统可靠度的解析表达式，最后采用蒙特卡罗模拟及 MATLAB 进行编程计算。

根据参考文献 [108]，随机阈值情形下系统可靠性评估模型可以表示为

$$E_D(R(t)) = \int_{\text{all } u} R(t \mid D) f_D(u) \mathrm{d}u \tag{4-22}$$

其中，$R(t \mid D)$ 是系统的条件可靠度函数。

根据引理 4.1 和式（4-4）可得

$$R(t \mid D) = \Phi\left(\frac{D - \hat{\theta}g(t)}{\sigma\sqrt{t}}\right) - \exp\left(\frac{\hat{\theta}g(t) - \hat{\theta}x}{\sigma^2 t} 2(D - \hat{\theta}x)\right) \Phi\left(\frac{-D - \hat{\theta}g(t) + 2\hat{\theta}x}{\sigma\sqrt{t}}\right) \tag{4-23}$$

于是，系统的可靠度表示为

$$E_D(R(t)) = \int_{\text{all } u} \Phi\left(\frac{u - \hat{\theta}g(t)}{\sigma\sqrt{t}}\right)$$

$$- \exp\left(\frac{\hat{\theta}g(t) - \hat{\theta}x}{\sigma^2 t} 2(u - \hat{\theta}x)\right) \Phi\left(\frac{-u - \hat{\theta}g(t) + 2\hat{\theta}x}{\sigma\sqrt{t}}\right) f_D(u) \mathrm{d}u \tag{4-24}$$

式（4-24）直接求解非常困难，可采用蒙特卡罗模拟及 MATLAB 进行编程计算。

情形二： 性能退化数据不易获得，θ 服从某一给定的随机分布。

此时，直接根据系统可靠度定义采用蒙特卡罗仿真方法求解，具体步骤如下：

第一步，根据 θ 服从的概率分布生成 N 个仿真实现值 $\tilde{\theta}$，其中 N 为相对较大的整数，比如 $N=1\,000$。

第二步，对于每个 $\tilde{\theta}$，根据随机变量 D 及其概率密度函数 $f_D(u)$，随机选取 $\tilde{D}$。

第三步，根据系统可靠度的定义，计算 N 次仿真中系统发生故障的时刻 $\tilde{t}$。

第四步，计算系统的可靠度，其中 $\mathrm{Num}(\tilde{t}\leqslant t)$ 即为系统失效的次数

$$R(t)=1-\frac{\mathrm{Num}(\tilde{t}\leqslant t)}{N} \tag{4-25}$$

4.3.3　数值算例

情形一： 对于 $\mu(t)=\hat{\theta}g(t)$，利用极大似然估计获取参数 $\hat{\theta}$，假设 $\hat{\theta}=1.5$，$\hat{\theta}x=0.5$，$\mu(t)=\hat{\theta}t+0.5$，$\sigma=1$，$D\sim N(8,0.5^2)$，利用 MATLAB 进行近似模拟，计算结果如图 4-8 所示。

从图中可以清楚地看出，失效阈值 D 的均值为 8，在系统运行初期，性能退化量由初始值 0.5 逐渐向增大的方向漂移，系统可靠度呈现加速减小的态势，但随着系统运行时间的增加，性能退化量增大后，更加接近于失效阈值，系统的可靠度趋近于 0。

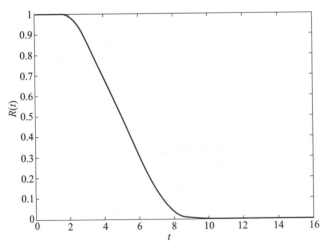

图 4-8　情形一下系统可靠度模拟曲线

情形二： 令 $\theta\sim N(1.5,0.2^2)$，$D\sim N(8,0.5^2)$，$\sigma=1$，首先获取随机数 θ_k 和阈值 D_k，$k=1,2,\cdots,N$，假设 $\mu_k(t)=\theta_k t+x$，$x=0.5$，相对于随机阈值 D_k，在第 k 次模拟中获得第 k 条退化轨迹及其失效时间（FPT）t_k，根据式（4-23）在 N 次模拟完成后，获得可靠度的估计值 $R(t)$ 如图 4-9 所示。

从图 4-9 可以清楚地看出，虽然 θ 和 D 都是随机变量，但系统可靠度的变化规律与

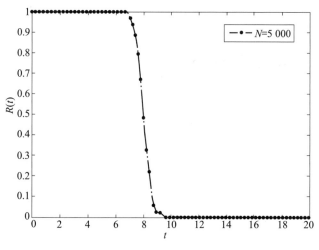

图 4 - 9　情形二下系统可靠度模拟曲线

图 4 - 8 非常相似，这是因为情形二下 θ 的均值与情形一下的估计值 $\hat{\theta}$ 相等，其他参数也完全相同，评估结果符合实际，也进一步验证了本节所给出的两种不同情形下系统可靠性评估方法的正确性。

4.4　本章小结

　　本章针对动态阈值系统，分别构建了线性阈值、区域阈值和随机阈值三种情形下的基于 Wiener 扩散过程的系统退化模型，界定了系统失效准则，提出了相应的可靠性评估方法，给出了相应的数值算例。其中，线性阈值情形下分别对直线型和曲线型阈值，给出并证明了重要引理和可靠度解析解的求解方法；区域阈值情形下针对多性能退化指标构成的特殊失效区域，如圆形区域、矩形区域、椭圆区域和多维立体区域等，提出了基于蒙特卡罗模拟的可靠性评估方法和步骤；随机阈值情形下，根据漂移参数 θ 和失效阈值 D 的不确定性，分别给出了参数 θ 估计值易于求解情形下系统可靠度的解析表达式求解方法，以及参数 θ 服从一般随机分布情形下基于系统可靠度定义的蒙特卡罗模拟求解方法。

第 5 章　可校正系统退化建模与可靠性评估方法

在工程实践中，很多产品或系统在运行阶段都要进行周期性校正，以减少或消除累积误差，部分或完全恢复系统功能。例如，船舶导航系统在使用阶段，由于受复杂海洋环境影响，坐标精度会出现偏差，通常需要进行周期性校正以纠正导航精度，消除误差。校正是一种重要的预防性维修活动，但与维修存在很多不同之处。校正行为在实践中常用于具有退化特性的系统，直接作用于退化量。校正效果一般被描述为系统退化或损伤级别的恢复程度，主要取决于系统特征、校正方式等因素。因此，校正通常可以更正系统的偏离，但不能完全减少系统潜在的或实质性故障，且校正在实际中很容易实施；而维修活动可以减少潜在故障，但通常需要花费较多的时间和人力。

本章将聚焦单阶段系统校正行为影响，针对系统校正效果的不同，基于 Wiener 过程建立两种系统退化过程模型，提出相应的系统可靠性评估方法，扩展应用所建立的可靠性退化模型，提出间接观测退化数据下单阶段可校正系统可靠性评估方法，并给出相应的数值算例，验证模型和方法的正确性。

5.1　可校正系统退化过程建模

5.1.1　系统建模与模型假设

本节将根据单阶段可校正系统的校正效果建立两种不同的退化过程模型，其建模思想主要源于维修度的概论和 Kijima 模型Ⅰ和模型Ⅱ。系统校正效果主要由函数 $\mu(t)$ 表征，$\mu(t)$ 决定了系统退化量的主要变化历程。由于 $\mu(t)$ 是系统退化量的主要部分，$\sigma W(t)$ 是一个随机项，且其数值一般较小，因此，系统校正效果采用 $\mu(t)$ 的变化来表征更加合理。

5.1.1.1　模型Ⅰ及相关假设

模型Ⅰ及其相关假设描述如下：

1）系统性能退化量 $X(t)$ 服从给定的随机过程

$$X(t) = \mu(t) + \sigma W(t), \text{或者} \ \mathrm{d}X(t) = \mu'(t)\mathrm{d}t + \sigma \mathrm{d}W(t)$$

其中，$W(t)$ 是标准 Wiener 过程（布朗运动），也就是，$W(0)=0$，$\mu'(t)$ 和 σ 分别是漂移系数和扩散系数，并且连续函数 $\mu(t) \geqslant \mu(0)=X(0)=x$，不失一般性，我们假定 $x>0$。

2）系统校正行为在预先规定的时间间隔点发生

$$\sum_{i=1}^{n} d_i, n=1,2,\cdots,(d_i>0)$$

也就是说，$\{d_i\}_{i=1,2,\cdots}$ 为第 $(i-1)$ 校正和第 i 次校正之间的时间间隔。

3）系统在时刻 $\sum_{i=1}^{n} d_i$ 校正后（$n=1,2,\cdots$），$\mu(t)$ 按以下方式变化，用符号 $b(t)=$

$\mu_n(t)$ 表示为

$$
\begin{cases}
\mu_n(t) = \mu_{n-1}(t) - \theta_n \left[\mu_{n-1} \left(\sum_{i=1}^{n} d_i \right) - x \right] \\
\mu_0(t) = \mu(t)
\end{cases}
\tag{5-1}
$$

其中，$\{\theta_i\}_{i=1,2,\cdots}$ 称之为校正度，并且 $\theta_i \in [0,1]$；递归方程在 $t \geqslant \sum_{i=1}^{n} d_i$ 时成立。

4）当性能退化量 $X(t)$ 大于给定阈值 D 时系统立即失效，也就是说，若令 $T_D^x = \inf\{t: X(t) > D \mid X(0) = x\}$，则系统寿命为 T_D^x，不失一般性，我们假定 $D > x > 0$。

5）参数 σ 在系统整个生命周期中保持不变。

根据以上假设，图 5-1 给出了系统校正行为影响下 $b(t)$ 的变化过程示例。

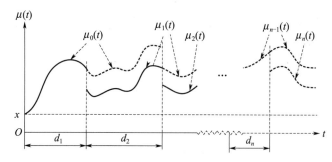

图 5-1　模型 I 中 $b(t)$ 曲线变化过程示例（实线）

显然，模型 I 具有以下几个特点：1）校正可恢复系统活力（系统退化量），且校正效果通过函数 $\mu(t)$ 的变化来表征；2）校正度 θ_i，$i=1,2,\cdots$，表示校正对系统寿命的影响程度；3）如果 $\theta_i = 1$，那么校正使系统恢复至前一阶段的初始状态，等效于系统没有消耗寿命 d_i；如果 $\theta_i = 0$，那么校正没有任何效果，对系统寿命没有影响；$\theta_i \in [0,1]$，θ_i 越大，校正对系统寿命的改进效果越大，反之亦然；4）系统退化失效准则为阈值故障机理，即当退化量超过给定阈值时，则系统发生故障或认为系统已经失效；5）$\mu(t)$ 的变化方式是在校正时刻 $\sum_{i=1}^{n} d_i$ 减小，减小的数量由校正度和假设 3）中给定的递归方程确定。

5.1.1.2　模型 II 及相关假设

模型 II 的相关假设与模型 I 相比，除条件 3）之外，其他均保持不变，具体描述如下：

系统在时刻 $\sum_{i=1}^{n} d_i$ 校正后，$\mu(t)$ 按以下方式变化，用符号 $b(t) = \mu_n(t)$ 表示为

$$
\begin{cases}
\mu_n(t) = \mu_{n-1}\left(t - \sum_{i=1}^{n} d_i + t_n^* \right) \\
\mu_0(t) = \mu(t)
\end{cases}
\tag{5-2}
$$

其中，$\{\theta_i\}_{i=1,2,\cdots}$ 仍然称之为系统的校正度，且 $\theta_i \in [0,1]$，$t_n^* = \sup\limits \max\limits_{0 \leqslant j \leqslant n-1} \{t: t \leqslant \sum_{i=1}^{n} d_i$，$\mu_j(t) = \mu_{n-1}\left(\sum_{i=1}^{n} d_i \right) - \theta_n \left(\mu_{n-1}\left(\sum_{i=1}^{n} d_i \right) - x \right) \}$，递归方程在 $t \geqslant \sum_{i=1}^{n} d_i$ 时成立。此

系统退化可靠性建模与评估

时需注意，若 $\max\limits_{0\leqslant j\leqslant n-1}\left\{t:\ t\leqslant\sum\limits_{i=1}^{n}d_i,\ \mu_j(t)=\mu_{n-1}\left(\sum\limits_{i=1}^{n}d_i\right)-\theta_n\left(\mu_{n-1}\left(\sum\limits_{i=1}^{n}d_i\right)-x\right)\right\}=\varnothing$ ，则定义 $\sup\{\varnothing\}=0$，其中 $\varnothing$ 表示空集。

根据以上假设，图 5-2 给出了该模型下 $b(t)$ 的变化过程。该模型下，校正度 $\{\theta_i\}_{i=1,2,\cdots}$ 对系统寿命的影响效果与模型Ⅰ完全一致，两个模型的不同点中主要体现在函数 $\mu(t)$ 的变化方式上，可以从图形中进行直观理解：模型Ⅰ中校正行为可以看作 $\mu(t)$ 向下拉伸，而模型Ⅱ中 $\mu(t)$ 向右平移。

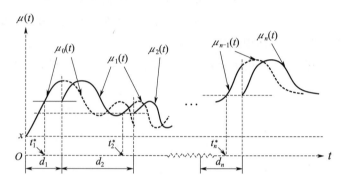

图 5-2　模型Ⅱ中 $b(t)$ 曲线变化过程示例（实线）

显然，以上建立的两种退化模型均可用于描述正负两种不同的退化量，例如导航系统的位置测量误差。当退化量为正值时，如退化设备中的电流量问题，我们可以对建立的退化模型进行扩展，以几何布朗运动表示为

$$Y(t)=\exp\{\mu(t)+\sigma W(t)\}$$

采用 Itô 公式，进一步可得

$$Y(t)=f(t,W(t))=\exp\{\mu(t)+\sigma W(t)\}$$

于是可得

$$\begin{aligned}\mathrm{d}Y(t)&=\left(\frac{\partial f}{\partial t}+\frac{1}{2}\frac{\partial^2 f}{\partial x^2}\right)\mathrm{d}t+\frac{\partial f}{\partial x}\mathrm{d}W(t)\\&=Y(t)\left\{\left(\mu'(t)+\frac{1}{2}\sigma^2\right)\mathrm{d}t+\sigma\mathrm{d}W(t)\right\}\end{aligned}\tag{5-3}$$

也就是说，此种情况下系统退化量满足以上随机微分方程。因此，模型Ⅰ和模型Ⅱ具有较好的通用性和可扩展性。

5.1.2　两个模型的相关结论

本节中，我们将首先对模型Ⅰ中 $\mu(t)$ 的变化方式进行描述，然后进一步讨论模型Ⅰ和模型Ⅱ在一些特殊情形下的相互关系。对于模型Ⅰ，我们有以下结论：

定理 5.1　对于模型Ⅰ，当 $t\geqslant\sum\limits_{i=1}^{n}d_i$ 时，则有

$$\mu_n(t)=\begin{cases}\mu(t)+\prod\limits_{i=1}^{n-1}(1-\theta_{i+1})\{\theta_1 x-\theta_1\mu(d_1)-\sum\limits_{i=1}^{n-1}\dfrac{\theta_{i+1}[\mu(\sum\limits_{j=1}^{i+1}d_j)-x]}{\prod\limits_{j=1}^{i}(1-\theta_{j+1})}\},\text{对于}\prod\limits_{j=1}^{n-1}(1-\theta_{j+1})\neq 0\\[3mm]\mu(t)-\theta_n[\mu(\sum\limits_{j=1}^{n}d_j)-x],\text{对于}\prod\limits_{j=1}^{n-1}(1-\theta_j)\neq 0,\text{且}\theta_n=1\end{cases}$$

证明：根据模型 I 及假设 3），有

$$\begin{cases}\mu_n(t)=\mu_{n-1}(t)-\theta_n[\mu_{n-1}(\sum\limits_{i=1}^{n}d_i)-x]\\[3mm]\mu_0(t)=\mu(t)\end{cases}$$

于是

$$\mu_0(t)=\mu(t),\mu_1(t)=\mu_0(t)-\theta_1[\mu_0(d_1)-x]=\mu(t)-\theta_1[\mu(d_1)-x],\cdots,$$

$$\mu_{n+1}(t)=\mu_n(t)-\theta_{n+1}[\mu_n(\sum\limits_{i=1}^{n+1}d_i)-x]$$

令 $\mu_{n+1}(t)=\mu(t)+f(n+1)$，事实上，我们知道 $\mu_n(t)$ 表达式形式为 $\mu(t)+f(n)$。于是，可得递归方程

$$\mu(t)+f(n+1)=\mu(t)+f(n)-\theta_{n+1}[\mu(\sum\limits_{i=1}^{n+1}d_i)+f(n)-x]$$

于是

$$f(n+1)=[1-\theta_{n+1}]f(n)-\theta_{n+1}[\mu(\sum\limits_{i=1}^{n+1}d_i)-x]$$

其中，边界条件满足 $f(1)=-\theta_1[\mu(d_1)-x]$。对于 $\prod\limits_{j=1}^{n-1}(1-\theta_{j+1})\neq 0$，解递归方程可得

$$f(n)=\prod\limits_{i=1}^{n-1}(1-\theta_{i+1})\{\theta_1 x-\theta_1\mu(d_1)-\sum\limits_{i=1}^{n-1}\dfrac{\theta_{i+1}[\mu(\sum\limits_{j=1}^{i+1}d_j)-x]}{\prod\limits_{j=1}^{i}(1-\theta_{j+1})}\}$$

因此，当首次满足 $\theta_i=1$ 时，$f(i)=-\theta_i[\mu(\sum\limits_{j=1}^{i}d_j)-x]$，定理得证。

注：当 i 首次满足 $\theta_i=1$ 时，$\mu(t)$ 被更新，即 $\mu(\sum\limits_{j=1}^{i}d_j)=x$，那么此次校正之前与校正之后的校正效果是相互独立的。因此，定理 5.1 仅适用于一个更新阶段。

对于一些特殊情形，我们可以进一步推导得出以下结论：

推论 5.1　对于模型 I，当 $\theta_i=\theta$ 并且 $d_i=d$ 时，也就是说，所有的校正度相同并且都为周期性校正，校正周期为 d，并且 $\mu(t)=ct$，$(c>0)$，当 $t\geqslant nd$ 时，则有

$$\mu_n(t)=\begin{cases}c[t-\theta d(1-\theta)^{n-1}-(n+1)d+\dfrac{(2\theta-1)d(1-\theta)^{n-1}}{\theta}+\dfrac{d}{\theta}],\theta\in(0,1]\\[3mm]ct,\theta=0\end{cases}$$

定理 5.2 当 $i \in \mathbb{N}^+ = \{1, 2, \cdots\}$，满足 $\theta_i^{\mathrm{I}} = \theta_i^{\mathrm{II}} = \theta_i$，$d_i^{\mathrm{I}} = d_i^{\mathrm{II}} = d_i$，且 $\mu^{\mathrm{I}}(t) = \mu^{\mathrm{II}}(t) = ct + x$，$(c > 0, x \geqslant 0)$ 时，模型 I 和模型 II 完全相同。其中，上标 I 和 II 分别代表模型 I 和模型 II，$\mathbb{N}^+$ 是正整数集。

证明：采用归纳法，首先有

$$\mu_0^{\mathrm{I}}(t) = \mu_0^{\mathrm{II}}(t) = ct + x$$

$$\mu_1^{\mathrm{I}}(t) = \mu_0^{\mathrm{I}}(t) - \theta_1[\mu_0^{\mathrm{I}}(d_1) - x] = ct + x - c\theta_1 d_1$$

另一方面，$t_1^* = (1 - \theta_1)d_1$，于是

$$\mu_1^{\mathrm{II}}(t) = \mu_0^{\mathrm{II}}(t - d_1 + t_1^*) = ct + x - c\theta_1 d_1$$

即

$$\mu_1^{\mathrm{I}}(t) = \mu_1^{\mathrm{II}}(t) = ct + x - c\theta_1 d_1$$

假定对于所有的整数 $j \leqslant n$，恒有

$$\mu_j^{\mathrm{I}}(t) = \mu_j^{\mathrm{II}}(t)$$

于是，以下只须证明 $j = n + 1$ 结论仍然成立。

根据模型 I 和模型 II 中的假设，可知

$$\mu_{n+1}^{\mathrm{I}}(t) = \mu_n^{\mathrm{I}}(t) - \theta_{n+1}\Big[\mu_n^{\mathrm{I}}\Big(\sum_{i=1}^{n+1} d_i\Big) - x\Big]$$

$$\mu_{n+1}^{\mathrm{II}}(t) = \mu_n^{\mathrm{II}}\Big(t - \sum_{i=1}^{n+1} d_i + t_{n+1}^*\Big)$$

其中 $t_{n+1}^* = \sup\limits \max\limits_{0 \leqslant j \leqslant n} \Big\{t : t \leqslant \sum_{i=1}^{n+1} d_i, \mu_j^{\mathrm{II}}(t) = \mu_n^{\mathrm{II}}\Big(\sum_{i=1}^{n+1} d_i\Big) - \theta_{n+1}\Big[\mu_n^{\mathrm{II}}\Big(\sum_{i=1}^{n+1} d_i\Big) - x\Big]\Big\}$

此外有

$$\mu_n^{\mathrm{I}}(t) = \mu_n^{\mathrm{II}}(t) = c(t - \Delta_n)$$

其中，Δ_n 依赖于 n 和 x，因此可得

$$\mu_n^{\mathrm{I}}(t_1 + t_2) = \mu_n^{\mathrm{II}}(t_1 + t_2) = ct_1 + \mu_n^{\mathrm{I}}(t_2)$$

进一步，可得

$$\mu_{n+1}^{\mathrm{II}}(t) = \mu_n^{\mathrm{II}}\Big(t - \sum_{i=1}^{n+1} d_i + t_{n+1}^*\Big)$$

$$= c\Big(t - \sum_{i=1}^{n+1} d_i\Big) + \mu_n^{\mathrm{II}}(t_{n+1}^*)$$

$$= c\Big(t - \sum_{i=1}^{n+1} d_i\Big) + \mu_n^{\mathrm{II}}\Big(\sum_{i=1}^{n+1} d_i\Big) - \theta_{n+1}\Big[\mu_n^{\mathrm{II}}\Big(\sum_{i=1}^{n+1} d_i\Big) - x\Big]$$

$$= c(t - \Delta_n) - \theta_{n+1}\Big[\mu_n^{\mathrm{II}}\Big(\sum_{i=1}^{n+1} d_i\Big) - x\Big]$$

$$= \mu_n^{\mathrm{I}}(t) - \theta_{n+1}\Big[\mu_n^{\mathrm{I}}\Big(\sum_{i=1}^{n+1} d_i\Big) - x\Big] = \mu_{n+1}^{\mathrm{I}}(t)$$

因此，定理得证。

5.2　可校正系统退化可靠性评估方法

5.2.1　系统可靠度求解方法

如上所述，系统可靠度定义为时刻 t 退化量 $X(t)$ 不超过给定阈值 D 的概率，即

$$R(t)=P\{T_D^x>t \mid X(0)=x\}=P\{\max_{0\leqslant s\leqslant t}X(s)<D \mid X(0)=x\}$$

接下来，我们将给出两种求解系统可靠度的方法。

（1）新方法

新方法主要是在引理 5.1 的基础上给出的。根据该引理有

$$P\{T_a^x\leqslant t\}=\Phi\left(\frac{-D+\mu(t)}{\sigma\sqrt{t}}\right)+\exp\left(\frac{\mu(t)-x}{\sigma^2 t}2(D-x)\right)\Phi\left(\frac{-D-\mu(t)+2x}{\sigma\sqrt{t}}\right)$$

$$(5-4)$$

上式给出了 Wiener 过程首次到达时的分布函数，但在模型 I 和模型 II 中，系统校正行为破坏了函数 $\mu(t)$ 的连续性，从而导致引理 5.1 不能直接应用于该模型。因此，我们需要对 $\mu(t)$ 进行光滑以满足函数的连续性要求。下面将以模型 I 为例，在不过多改变函数 $\mu(t)$ 轨迹的前提下，提出相应的光滑方法。鉴于光滑方法的相似性，模型 II 的光滑方法此处不再叙述。

由于函数 $\mu(t)$ 在点 $\{kd, k=1, 2, \cdots\}$，处不可微，故在 $[kd-\varepsilon, kd)(k=1, 2, \cdots)$ 期间中构造函数 $\mu_\varepsilon(t)$，对于任意小的 $\varepsilon>0$，令

$$\mu_\varepsilon(t)=\begin{cases}x, t=0\\ \mu_{k-1}(t), t\in[(k-1)d, kd-\varepsilon)\\ \sqrt{\delta^2-(t-x_1^+)^2}, t\in[kd-\varepsilon, u_1^+)\\ \beta t+\alpha, t\in[u_1^+, u_1^-)\\ \sqrt{\delta^2-(t-x_1^-)^2}, t\in[u_1^-, kd)\end{cases}$$

$$(5-5)$$

其中，$4\delta\leqslant\varepsilon$，$(x_1^+, y_1^+)$ 和 (x_1^-, y_1^-) 为圆 1 和圆 2 的回圆心，δ 为半径，(u_1^+, v_1^+)，(u_1^-, v_1^-) 为切点，$\beta t+\alpha$ 为两圆的内切线，$\sqrt{\delta^2-(t-x_1^+)^2}$ 和 $\sqrt{\delta^2-(t-x_1^-)^2}$ 为切线弧的一部分，(x_1^+, y_1^+)，(x_1^-, y_1^-)，(u_1^+, v_1^+) 和 (u_1^-, v_1^-) 可通过简单的估算确定，例如

$$x_1^-=kd+\frac{\delta\mu'(kd-\varepsilon)}{\sqrt{[\mu'(kd-\varepsilon)]^2+1}}, y_1^-=\mu(kd)+\frac{\delta}{\sqrt{[\mu'(kd-\varepsilon)]^2+1}}$$

由于本章仅讨论以上参数的作用但不具体应用，所以这里没有给出具体数值，光滑函数 $\mu_\varepsilon(t)$ 的详细轨迹如图 5-3 所示。

采用以上方法对 $\mu(t)$ 光滑后，我们得到以下结论：

引理 5.1　令 $X_\varepsilon(t)=\mu_\varepsilon(t)+\sigma W(t)$，对于 $t<(k+1)d$，那么

$$当 \varepsilon\to 0^+, \mid t:X_\varepsilon(t)\neq X(t)\mid=k\varepsilon\to 0$$

其中，$\mid F\mid$ 表示集合 F 的 Lebesgue 测度。

证明：根据 $\mu_\varepsilon(t)$ 的定义，以上结论显然成立。

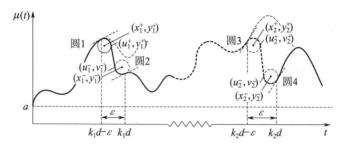

图 5-3　$\mu(t)$ 的光滑函数 $\mu_\varepsilon(t)$ 轨迹示例（实线和虚线部分）

引理 5.2　$\lim\limits_{\varepsilon\to 0+} P\{T_D^x(X_\varepsilon(t))\leqslant t\}=P\{T_D^x\leqslant t\}$，　其中

$$T_D^x(X_\varepsilon(t))=\inf\{t:X_\varepsilon(t)=D\mid X_\varepsilon(0)=x\}$$

证明：基于引理 5.1 和定理 5.1，以上结论易证。

定理 5.3　如果系统的退化量服从 Itô 扩散过程 $dX(t)=\mu'(t)dt+\sigma dW(t)$，在模型 Ⅰ 或模型 Ⅱ 中，$X(t)=\mu(t)+\sigma W(t)$，$\mu(t)\geqslant\mu(0)=x$ 且 $t\geqslant 0$，则系统可靠度为

$$R(t)=\Phi(\frac{a-\mu(t)}{\sigma\sqrt{t}})-\exp\{\frac{\mu(t)-x}{\sigma^2 t}2(a-x)\}\Phi(\frac{-a-\mu(t)+2x}{\sigma\sqrt{t}})$$

证明：基于引理 5.1 和引理 5.2，以上结论易证。

（2）传统方法

传统上，为了得到 FPT 的分布，一般采用求解偏微分方程的方法。一般来说，有以下三种求解方法：Laplace 变换法、特征值扩展法和直接数值估计法。随机微分方程描述了退化量轨迹随时间的演变进程，因为解析解不易得到，有时需应用仿真方法和特殊的数值技巧来近似求解。采用偏微分方程求解模型 Ⅰ 和模型 Ⅱ 系统可靠度的方法参见定理 5.1，这里不再重述。此时需要注意的是，采用该方法前必须确保随机微分方程满足解的存在性和唯一性条件。

5.2.2　其他相关指标的求解方法

以下将给出模型 Ⅰ 和模型 Ⅱ 其他可靠性相关指标的求解方法，主要包括 n 阶矩、方差、均值等。

（1）寿命的 n 阶矩

模型 Ⅰ 和模型 Ⅱ 中系统寿命的 n 阶矩可采用以下推论求解。

推论 5.2　如果系统寿命的 n 阶矩存在，对于模型 Ⅰ 和模型 Ⅱ，则有

$$E[(T_D^x)^n]=\int_0^\infty nt^{n-1}\left(\Phi\left(\frac{D-\mu(t)}{\sigma\sqrt{t}}\right)-\exp\left(\frac{\mu(t)-x}{\sigma^2 t}2(D-x)\right)\Phi\left(\frac{-D-\mu(t)+2x}{\sigma\sqrt{t}}\right)\right)dt$$

证明：因为 $E[(T_D^x)^n]=\int_0^\infty nt^{n-1}R(t)dt$，所以推论 5.2 是正确的。

（2）平均寿命（FPT 的均值）

模型 Ⅰ 和模型 Ⅱ 中系统寿命均值采用以下定理求解。

定理 5.4（The Andronov – Vitt – Pontryagin formula）（见参考文献［149］）假定边界值问题满足

$$\frac{\partial h(x,s)}{\partial s} + L_x^* h(x,s) = -1, \text{对于 } x \in \boldsymbol{D}, \text{对于所有 } s \in \mathbb{R}$$

$$h(x,s) = 0 \text{ 对于 } x \in \partial \boldsymbol{D}$$

其中，L_x^* 是 Backward Kolmogorov 算子，具有唯一有界解。于是，从边界 $\boldsymbol{D}$ 内初始位置 x 首次到达边界 $\boldsymbol{D}$ 的时间（FPT）的均值 $E[T_{\boldsymbol{D}} \mid X(s)=x]$ 是有限的，且满足

$$E[T_{\boldsymbol{D}} \mid X(s)=x] = s + h(x,s)$$

注：参考文献［149］中给出相关定理是任意 n 维情形，对于一维特殊情形，则有 $\mathrm{d}X(t,\omega) = b(t,\omega)\mathrm{d}t + \sigma(t,\omega)\mathrm{d}W(t,\omega)$，$X(0)=x$，即可得

$$E[T_{\boldsymbol{D}} \mid X(s)=x] = s + h(x,s)$$

且

$$\begin{cases} \dfrac{\partial h(x,t)}{\partial t} + b(t,\omega)\dfrac{\partial h(x,t)}{\partial x} + \dfrac{1}{2}\sigma^2(t,\omega)\dfrac{\partial^2 h(x,t)}{\partial x^2} = -1 \\ h(x,t)=0, \text{对于 } x \in \partial \boldsymbol{D} \end{cases} \tag{5-6}$$

（3）剩余寿命和剩余可靠度

假设已知时刻 t_1 系统的退化值 $X(t_1)=x_1$，且系统未发生故障，则系统剩余寿命和剩余可靠度的求解，只需将模型 I 和模型 II 中的 x_0 用 x_1 替换，$\mu(t)$ 用 $\mu(t_1+t)$ 替换，此时采用以上相关定理求解得到的 $T_a^{x_1}$ 即为系统剩余寿命，剩余可靠度仍为 $R(t)$。

（4）剩余寿命的 n 阶矩

模型 I 和模型 II 中系统剩余寿命的 n 阶矩采用以下推论求解。

推论 5.3　（见参考文献［152］）将定理 5.4 中右边项 -1 替换为 $(n+1)h_n(x,t)$，$h(x,t)$ 全部替换为 $h_{n+1}(x,t)$，可得方程组

$$\begin{cases} \dfrac{\partial h_{n+1}(x,t)}{\partial t} + b(t)\dfrac{\partial h_{n+1}(x,t)}{\partial x} + \dfrac{1}{2}\sigma^2(t)\dfrac{\partial^2 h_{n+1}(x,t)}{\partial x^2} = (n+1)h_n(x,t) \\ h_{n+1}(x,t)=0, \quad \text{对于 } x \in \partial \boldsymbol{D}, n \geqslant 0 \end{cases}$$

则有

$$E[(T_{\boldsymbol{D}}-s)^{n+1} \mid X(s)=x] = h_{n+1}(x,s), \text{且令 } h_0(x,t)=-1$$

5.3　退化模型与可靠性评估方法的扩展应用

在前两节建立的单阶段可校正系统退化模型中，退化数据是直接观测数据，即观测到的退化量可用于直接描述系统的潜在状态。例如磨损程度、裂纹尺寸等退化数据就是典型的直接观测数据。因此，判断系统是否失效的过程实际上是判断观测的退化量值是否超过给定的阈值。然而，在工程实践中，很多产品并不能直接观测到可以表征系统退化状态的数据，只能观测到间接或部分反映系统潜在状态的退化量，例如振动、油液金属颗粒浓度等。对于间接观测退化数据可靠性评估问题，从已有文献看主要有随机滤波模型、协变量

风险模型和隐马氏链（HMM 或 HSMM）模型等，本节不对这些模型作深化研究，主要探讨一种简单的情形，通过建立间接观测量与系统直接状态之间的函数关系，对已有模型和方法进一步扩展应用。

首先，假定系统退化过程观测量 $X(t)$ 为间接观测数据，满足随机微分方程

$$\mathrm{d}X(t) = \mu'(t)\mathrm{d}t + \sigma\,\mathrm{d}W(t)$$

且 $X(t)$ 满足函数 $g(X(t))$，$g(x)$ 是一个单调函数，系统首次到达时 FPT 与 $g(X(t))$ 有关并定义为

$$T_D^{g(x)} = \inf\{t : g(X(t)) \geqslant D \mid g(X(0)) = g(x)\}$$

根据单调函数的性质，易于得到以下引理。

引理 5.3 如果 $g(x)$ 是区间 $x \in \mathbb{R} = (-\infty, \infty)$ 上的递增函数，则 $\sup\limits_{0 \leqslant s \leqslant t} g(X(s)) = g(\sup\limits_{0 \leqslant s \leqslant t} X(s))$，$\inf\limits_{0 \leqslant s \leqslant t} g(X(s)) = g(\inf\limits_{0 \leqslant s \leqslant t} X(s))$；如果 $g(x)$ 是区间 $x \in \mathbb{R} = (-\infty, \infty)$ 的递减函数，则 $\sup\limits_{0 \leqslant s \leqslant t} g(X(s)) = g(\inf\limits_{0 \leqslant s \leqslant t} X(s))$，$\inf\limits_{0 \leqslant s \leqslant t} g(X(s)) = g(\sup\limits_{0 \leqslant s \leqslant t} X(s))$。

于是，根据首达时的定义，系统的可靠度可表示为

$$R_g(t) = P\{T_a^{g(x)} > t \mid g(X(0)) = g(x)\}, \ a > 0$$

具体求解方法我们给出以下定理。

定理 5.5 如果系统的退化量 $X(t)$ 满足函数 $g(X(t))$，应用 Itô 公式，可得

$$\mathrm{d}g(X(t)) = \left[\mu'(t)\frac{\mathrm{d}g}{\mathrm{d}x} + \frac{1}{2}\sigma^2\frac{\mathrm{d}^2 g}{\mathrm{d}x^2}\right]\mathrm{d}t + \sigma\frac{\mathrm{d}g}{\mathrm{d}x}\mathrm{d}W(t)$$

则系统的可靠度为

$$R_g(t) = P\{T_D^{g(x)} > t \mid g(X(0)) = g(x)\}$$
$$= \begin{cases} P\{T_{g^{-1}(D)}^x > t \mid X(0) = x\}, & g(x) \text{ 为递增函数} \\ P\{\inf\limits_{0 \leqslant s \leqslant t} X(s) > g^{-1}(D) \mid X(0) = x\}, & g(x) \text{ 为递减函数} \end{cases}$$

其中，$\mathrm{d}X(t) = \mu'(t)\mathrm{d}t + \sigma\,\mathrm{d}W(t)$，且 $W(t)$ 是标准 Wiener 过程。

证明：基于引理 5.3 和单调函数的性质，定理 5.5 易得证。

对于以上定理，需注意以下几个问题：

1）对于递增函数 $g(x)$，系统可靠度可采用定理 5.3 求解，有

$$R_g(t) = \Phi\left(\frac{g^{-1}(D) - \mu(t)}{\sigma\sqrt{t}}\right) - \exp\left(\frac{\mu(t) - x}{\sigma^2 t}2(g^{-1}(D) - x)\right)\Phi\left(\frac{-g^{-1}(D) - \mu(t) + 2x}{\sigma\sqrt{t}}\right)$$

$$(5-7)$$

2）对于递减函数 $g(x)$，根据参考文献 [151] 中的结论

$$P\{\inf\limits_{0 \leqslant s \leqslant t} X(s) \leqslant y\} = \Phi\left(\frac{y - \mu(t)}{\sigma\sqrt{t}}\right) + \exp\left(\frac{\mu(t) - x}{\sigma^2 t}2(y - x)\right)\Phi\left(\frac{y + \mu(t) - 2x}{\sigma\sqrt{t}}\right), \ y \leqslant 0, t > 0$$

亦可求解系统可靠度，则 $\forall \ g^{-1}(D) \geqslant 0, \ t > 0$

$$R_g(t) = 1 - P\{\inf_{0 \leqslant s \leqslant t} X(s) \leqslant g^{-1}(D)\}$$

$$= \Phi\left(\frac{\mu(t) - g^{-1}(D)}{\sigma\sqrt{t}}\right) - \exp\left(\frac{\mu(t) - x}{\sigma^2 t} 2(g^{-1}(D) - x)\right) \Phi\left(\frac{g^{-1}(D) + \mu(t) - 2x}{\sigma\sqrt{t}}\right)$$

$$(5-8)$$

3）函数 $\mu(t)$ 仍可采用 5.3 节中的方法进行光滑。

4）实际上，根据参考文献 [151] 中的结论

$$P\{\sup_{0 \leqslant s \leqslant t} X(s) \leqslant y\} = \Phi\left(\frac{y - \mu(t)}{\sigma\sqrt{t}}\right) - \exp\left(\frac{\mu(t) - x}{\sigma^2 t} 2(y - x)\right) \Phi\left(\frac{-y - \mu(t) + 2x}{\sigma\sqrt{t}}\right), x \leqslant y, t > 0$$

亦可求解退化量满足单调函数 $g(X(t))$ 情形下系统的可靠度。

为了进一步说明定理 5.5，以下将给出一个具体实例，令

$$g(X(t)) = \exp\{X(t)\} = \exp\{\mu(t) + \sigma W(t)\}$$

$g(x)$ 为递增函数，使用 Itô 公式，可得

$$g(X(t)) = f(t, W(t)) = \exp\{\mu(t) + \sigma W(t)\}$$

$$dg(X(t)) = \left(\frac{\partial f}{\partial t} + \frac{1}{2} \frac{\partial^2 f}{\partial x^2}\right) dt + \frac{\partial f}{\partial x} dW(t)$$

$$= g(X(t)) \left\{\left[\mu'(t) + \frac{1}{2}\sigma^2\right] dt + \sigma dW(t)\right\}$$

根据定理 5.5，则系统的可靠度为

$$R_g(t) = P\{\sup_{0 \leqslant s \leqslant t} g(X(s)) < D\}$$

$$= \Phi\left(\frac{\ln D - \mu(t)}{\sigma\sqrt{t}}\right) - \exp\left(\frac{\mu(t) - x}{\sigma^2 t} 2(\ln D - x)\right) \Phi\left(\frac{-\ln D - \mu(t) + 2x}{\sigma\sqrt{t}}\right)$$

$$(5-9)$$

其中，根据模型 I 和模型 II，函数 $\mu(t)$ 仍可采用 5.3 节中的光滑函数进行光滑。

5.4　数值算例

以上内容建立了单阶段可校正系统的退化模型并推导给出了可靠性相关指标的计算公式，本节将通过具体的数值算例进行演示说明。

算例一： $\mu(t) = 2t + 1$，$D = 4$，$\sigma = 1$，$d_i = d = 2$，$\theta_i = \theta = 0.5$，$i = 1, 2, \cdots$

根据定理 5.2，此时模型 I 和模型 II 是等价的，$b(t)$ 经过周期性校正后其变化路径如图 5-4 所示。

根据定理 5.3，将以上数值代入公式，可得

$$R(t) = \Phi\left(\frac{D - \mu(t)}{\sigma\sqrt{t}}\right) - \exp\left(\frac{\mu(t) - x}{\sigma^2 t} 2(D - x)\right) \Phi\left(\frac{-D - \mu(t) + 2x}{\sigma\sqrt{t}}\right)$$

$$= \Phi\left(\frac{4 - \mu(t)}{\sqrt{t}}\right) - \exp\left(\frac{\mu(t) - 1}{t} 2(4 - x)\right) \Phi\left(\frac{-4 - \mu(t) + 2}{\sqrt{t}}\right)$$

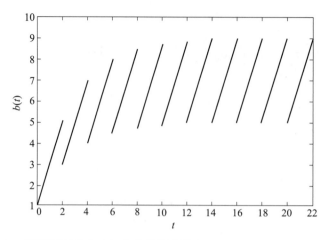

图 5-4　周期性校正下 $b(t)$ 曲线变化过程（$d_i = d = 2$，$\theta_i = \theta = 0.5$）

　　绘制系统的可靠度曲线，如图 5-5 所示。从图中可以清楚地看出，随着时间的增加，系统的退化量逐渐向增大的方向漂移，可靠度逐渐减小；校正行为可以减少系统的退化量，显著提升系统的可靠性，但并不能改变系统随着运行时间增加而逐渐退化失效的规律。

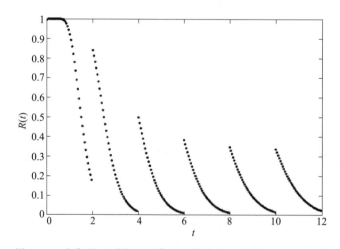

图 5-5　定期校正系统的可靠度函数曲线（时刻 $t = 12$ 之前）

　　绘制系统可靠度函数更加详细的变化过程（时刻 $t = 22$ 之前），如图 5-6 所示，其中实点线（上方曲线）是每次校正后可靠度最大值的连接线，虚画线（下方曲线）是每次校正后可靠度最小值的连接线。

　　此数值算例下，系统可靠度的均值不存在，证明如下：

　　证明：根据可靠度的定义，有

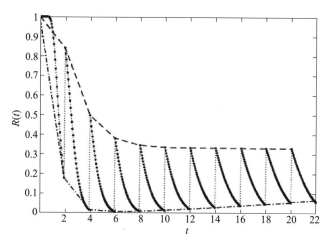

图 5 - 6　算例一中定期校正系统的可靠度函数曲线及极值线（见彩插）

$$\int_0^\infty R(t)\,\mathrm{d}t$$

$$= \sum_{i=0}^{\infty} \int_{2i}^{2(i+1)} \left(\Phi\left(\frac{4\,(0.5)^i + 4i - 2t - 1}{\sqrt{t}}\right) - \exp\left(\frac{6(2t - 4\,(0.5)^i - 4i + 4)}{t}\right) \Phi\left(\frac{4\,(0.5)^i + 4i - 2t - 7}{\sqrt{t}}\right) \right) \mathrm{d}t$$

$$\geqslant 2 \sum_{i=0}^{\infty} \left(\Phi\left(\frac{4\,(0.5)^i - 5}{\sqrt{2i+2}}\right) - \exp\left(\frac{3(8 - 4\,(0.5)^i)}{i+1}\right) \Phi\left(\frac{4\,(0.5)^i - 11}{\sqrt{2i+2}}\right) \right)$$

考虑对于较大的整数 m，满足

$$\sum_{i=m}^{n} \left[\Phi\left(\frac{4\,(0.5)^i - 5}{\sqrt{2i+2}}\right) - \exp\left(\frac{3(8 - 4\,(0.5)^i)}{i+1}\right) \Phi\left(\frac{4\,(0.5)^i - 11}{\sqrt{2i+2}}\right) \right]$$

$$\sim \sum_{i=m}^{n} \left[\Phi\left(\frac{-5}{\sqrt{2i+2}}\right) - \exp\left(\frac{24}{i+1}\right) \Phi\left(\frac{-11}{\sqrt{2i+2}}\right) \right]$$

符号 $\sim$ 表示两边数值的等价关系。我们知道，当 x 的取值足够小时，有

$$\Phi(x) \sim \Phi(0) + \Phi'(0)x = 0.5 + \frac{x}{\sqrt{2\pi}}, \exp(x) \sim 1 + x$$

于是

$$\Phi\left(\frac{-5}{\sqrt{2i+2}}\right) \sim 0.5 - \frac{1}{\sqrt{2\pi}} \frac{5}{\sqrt{2i+2}}, \exp\left(\frac{24}{i+1}\right) \sim 1 + \frac{24}{i+1}$$

$$\Phi\left(\frac{-11}{\sqrt{2i+2}}\right) \sim 0.5 - \frac{1}{\sqrt{2\pi}} \frac{11}{\sqrt{2i+2}}$$

令

$$g(t) = 0.5 - \frac{1}{\sqrt{2\pi}} \frac{5}{\sqrt{2t+2}} - \left(1 + \frac{24}{t}\right)\left(0.5 - \frac{1}{\sqrt{2\pi}} \frac{11}{\sqrt{2t+2}}\right)$$

易证 $g'(t) < 0$，$g(t)$ 为递减函数，当 $n \to \infty$，基于以上结果，可得

$$\sum_{i=m}^{n}\left(\Phi\left(\frac{-5}{\sqrt{2i+2}}\right)-\exp\left(\frac{24}{i+1}\right)\Phi\left(\frac{-11}{\sqrt{2i+2}}\right)\right)\geqslant(n-m+1)\left(\Phi\left(\frac{-5}{\sqrt{2n+2}}\right)-\exp\left(\frac{24}{n+1}\right)\Phi\left(\frac{-11}{\sqrt{2n+2}}\right)\right)$$

$$\sim(n-m+1)g(n)=(n-m+1)\left(0.5-\frac{1}{\sqrt{2\pi}}\frac{5}{\sqrt{2n+2}}-\left(1+\frac{24}{n}\right)\left(0.5-\frac{1}{\sqrt{2\pi}}\frac{11}{\sqrt{2n+2}}\right)\right)\to\infty$$

因此，此数值算例下系统可靠度的均值不存在，结论得以证明。

于是，当 $i\to\infty$ 时，即校正次数无穷大时，系统可靠度为 0，对于 $t\in[2i,2i+2]$，有

$$\Phi(\frac{4(0.5)^{i}+4i-2t-1}{\sqrt{t}})-\exp(\frac{6(2t-4(0.5)^{i}-4i+4)}{t})\Phi(\frac{4(0.5)^{i}+4i-2t-7}{\sqrt{t}})$$

$$=0.5-1\times0.5=0$$

算例二：退化量满足 $g(X(t))=-X^{3}(t)$，$X(t)=2t+1+W(t)$，$D=30$，$d_i=d=2$，$\theta_i=\theta=0.5$。

此时，模型 I 和模型 II 仍是等价的，使用 Itô 公式，可得

$$dg(X(t))=-[3X^{2}(t)+3\sigma^{2}X(t)]dt-3\sigma X^{2}(t)dW(t)$$

根据定理 5.5，有

$$R_g(t)=P\{\sup_{0\leqslant s\leqslant t}g(X(s))<D\}$$

$$=\Phi\left(\frac{\mu(t)+\sqrt[3]{D}}{\sigma\sqrt{t}}\right)-\exp\left(\frac{\mu(t)-x}{\sigma^{2}t}2(-\sqrt[3]{D}-x)\right)\Phi\left(\frac{-\sqrt[3]{D}+\mu(t)-2x}{\sigma\sqrt{t}}\right)$$

代入并考虑系统周期性校正行为，采用 MATLAB 绘制系统可靠度函数及极值线如图 5-7 所示，其变化规律与图 5-6 相似。

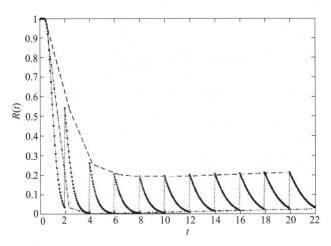

图 5-7　算例二中定期校正系统的可靠度函数曲线及极值线（见彩插）

5.5　本章小结

本章聚焦单阶段可校正系统，建立了系统退化过程模型，提出了系统可靠性评估方

法，并给出数值算例验证了可靠性相关指标的求解过程。首先，假定系统退化过程服从 Wiener 扩散过程，校正行为作用于漂移系数 $\mu(t)$，退化过程有且仅有一个直接观测信号 $X(t)$，依据维修度的概念和经典的 Kijima 模型建立了两种可校正系统退化模型，并分析了模型之间关系，给出了相关定理和推论。然后，针对建立的可校正系统退化模型，构造光滑函数解决了系统校正行为导致的函数 $\mu(t)$ 不连续性问题，给出了两种求解系统可靠性相关指标的方法，一种是基于首达时分布的新方法，另一种是基于具有吸收边界条件的偏微分方程的传统方法，并给出了相关定理、引理和推论。最后，针对工程实践中基于间接观测数据的可校正系统退化可靠性建模与评估问题，通过建立间接观测信号与系统直接状态之间函数关系，对已有模型和方法进一步扩展应用，给出了相关引理和定理。

第 6 章　多阶段系统退化建模与可靠性评估方法

上一章对可校正系统退化可靠性建模和评估方法进行了系统研究，基于 Wiener 扩散过程建立了确定型失效阈值下的可校正系统退化模型，并提出了相应的可靠性评估方法。本章将综合考虑系统运行的多阶段性和周期校正行为影响，从退化数据统计分析的角度构建系统性能退化轨迹模型，并分别针对确定型失效阈值和随机型失效阈值两种不同情形分析提出相应的可靠性评估方法。

在工程实践中，很多系统运行过程可以划分为多个阶段，第 1 章对多阶段系统的研究现状进行了综述。事实上，系统的多阶段性可以从两个角度进行理解：一是系统任务的多阶段性，即系统完成指定的任务需要分为多个不同的串联阶段，例如某型反导系统的反导任务可划分为防御准备、防御规划和防御执行三个阶段[126]；二是从系统全寿命管理的角度看，可划分为论证、研制、生产、使用和退役报废等多个不同阶段，每个阶段又会进行多次试验以采集所需数据。无论从哪个角度分析，退化系统在不同阶段都会观测并收集到丰富的性能退化数据，这些数据是开展系统可靠性评估的信息源。而且，根据贝叶斯理论可知，前一阶段的信息可以看作后一阶段的先验信息，对提高模型参数统计推断的精确性和系统可靠性评估的准确性具有重要价值。因此，如何利用多阶段可校正系统的性能退化数据，从数据统计分析的角度建立多阶段可校正系统退化过程模型，提出相应的可靠性评估方法，正是本章需要解决的问题。

本章将聚焦可校正系统运行的多阶段性，假设系统校正行为同时作用于退化量的均值和方差，根据模型参数的特点建立两种系统退化模型，采用贝叶斯方法对模型参数进行估计，提出确定型阈值和随机型阈值两种不同情形下的可靠性评估方法，并给出相应的数值算例，验证模型和方法的正确性。

6.1　确定型阈值情形下多阶段系统退化可靠性建模

本节将立足多阶段性能退化数据，从统计分析角度，根据可校正系统模型参数特点建立两种不同的退化过程模型。

6.1.1　模型假设

多阶段可校正系统退化模型的相关假设描述如下：

1) 系统为多阶段运行系统，其退化过程有且仅有一个直接性能退化参数。系统在时刻 t 的退化量为 $X(t)$，且根据专家经验和历史退化数据分析可知，$X(t) \sim N(\mu(t), \sigma^2(t))$，$\mu(t) = \theta g(t)$，$\sigma^2(t) = \varphi h(t)$，其中，$\theta$ 和 φ 为相互独立的随机变量，

$g(t)$ 和 $h(t)$ 为已知的确定性函数。

2）系统的可靠度定义为退化量 $X(t)$ 不超过给定阈值 D 的概率。

3）系统在运行阶段 j 共发生 N_j 次校正，$j=1,2,\cdots,$ 每次校正在预先指定的时刻 t_k 进行，$k=1,2,\cdots,N_j,$ 每次校正在瞬间完成，即假设校正时长 Δt_k 为零。

4）系统校正效果体现于退化量 $X(t)$ 均值和方差的改变，分别用校正影响系数（或校正度）λ^1 和 λ^2 表示，且 $\lambda^1,\lambda^2\in[0,1]$。

6.1.2　退化路径和数据模型

根据以上假设，系统操作人员在给定的时刻点 $\{t_1,t_2,\cdots,t_N\}$ 进行校正，以改善系统运行性能，系统可能的退化路径如图 6-1 所示。

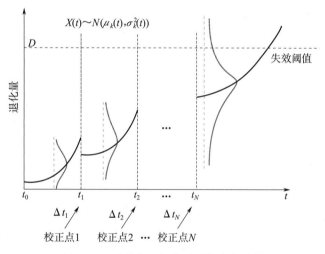

图 6-1　系统校正行为下退化路径示例

从图 6-1 可知，实线表示系统退化量的均值，任意时刻点系统退化量都服从正态分布，且参数随时间不断变化。显然，校正行为将导致系统退化量减少，其变化幅度取决于校正度的大小。

为了评估多阶段可校正系统的可靠性，我们需要分析性能退化数据，建立相应的数据模型，如图 6-2 所示。

图 6-2 中，$n_{j,k}$ 表示时间区间 $[t_{j,k-1},t_{j,k}]$ 内采集的退化数据子样大小，$t_{k,i}^{(j)}$ 表示第 j 阶段时间区间 $[t_{j,k-1},t_{j,k}]$ 内退化量的第 i 次观测时刻，$y(t_{k,i}^{(j)})$ 为相应的退化数据。假设 $n_{j,k}\geqslant1$，则退化数据子集可表示为 $\boldsymbol{y}_{j,k}=\{y(t_{k,1}^{(j)}),y(t_{k,2}^{(j)}),\cdots,y(t_{k,n_{j,k}}^{(j)})\}$，且为非空，那么整个 j 阶段的退化数据可用向量 $\boldsymbol{y}_j=\{\boldsymbol{y}_{j,1},\boldsymbol{y}_{j,2},\cdots,\boldsymbol{y}_{j,N_j}\}$ 表示，$\boldsymbol{y}_j$ 的样本大小为 n_j，于是可得

$$\boldsymbol{y}_j=\{\boldsymbol{y}_{j,1},\boldsymbol{y}_{j,2},\cdots,\boldsymbol{y}_{j,N_j}\}=\{y(t_{1,1}^{(j)}),y(t_{1,2}^{(j)}),\cdots,y(t_{1,n_{j,1}}^{(j)}),y(t_{2,1}^{(j)}),y(t_{2,2}^{(j)}),\cdots,y(t_{N_j,n_{j,N_j}}^{(j)})\}$$

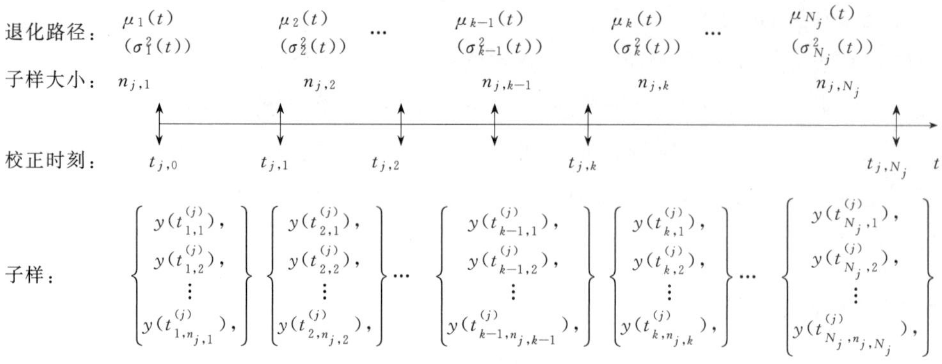

退化路径: $\mu_1(t)$ $\mu_2(t)$ $\cdots$ $\mu_{k-1}(t)$ $\mu_k(t)$ $\cdots$ $\mu_{N_j}(t)$
$(\sigma_1^2(t))$ $(\sigma_2^2(t))$ $(\sigma_{k-1}^2(t))$ $(\sigma_k^2(t))$ $(\sigma_{N_j}^2(t))$

子样大小: $n_{j,1}$ $n_{j,2}$ $n_{j,k-1}$ $n_{j,k}$ n_{j,N_j}

校正时刻: $t_{j,0}$ $t_{j,1}$ $t_{j,2}$ $t_{j,k}$ t_{j,N_j} t

子样:
$$\left\{\begin{array}{c} y(t_{1,1}^{(j)}), \\ y(t_{1,2}^{(j)}), \\ \vdots \\ y(t_{1,n_{j,1}}^{(j)}), \end{array}\right\} \left\{\begin{array}{c} y(t_{2,1}^{(j)}), \\ y(t_{2,2}^{(j)}), \\ \vdots \\ y(t_{2,n_{j,2}}^{(j)}), \end{array}\right\} \cdots \left\{\begin{array}{c} y(t_{k-1,1}^{(j)}), \\ y(t_{k-1,2}^{(j)}), \\ \vdots \\ y(t_{k-1,n_{j,k-1}}^{(j)}), \end{array}\right\} \left\{\begin{array}{c} y(t_{k,1}^{(j)}), \\ y(t_{k,2}^{(j)}), \\ \vdots \\ y(t_{k,n_{j,k}}^{(j)}), \end{array}\right\} \cdots \left\{\begin{array}{c} y(t_{N_j,1}^{(j)}), \\ y(t_{N_j,2}^{(j)}), \\ \vdots \\ y(t_{N_j,n_{j,N_j}}^{(j)}), \end{array}\right\}$$

图 6-2 阶段 j 可校正系统退化数据模型

6.1.3 多阶段可校正系统退化可靠性模型

从图 6-2 易于看出，在不同的时间区间 $[t_{j,k-1}, t_{j,k}]$ 内，系统退化量均值和方差都是不同的，由于系统校正行为影响直接体现为均值和方差的变化，即作用于函数 $g_k(t)$ 和 $h_k(t)$，因此，根据参数 θ 和 φ 的状态（已知或未知），可建立以下两类不同的多阶段可校正系统退化可靠性模型。

模型 I：θ 未知，φ 已知

此时，退化量方差函数 $\sigma_k^2(t)$ 已知，均值函数 $\mu_k(t)$ 未知，系统校正行为分别作用于函数 $g_k(t)$ 和 $\sigma_k^2(t)$，即

$$g_k(t) = g(t - \lambda^1 t_{j,k-1}), \quad \sigma_k^2(t) = \sigma^2(t - \lambda^2 t_{j,k-1})$$

于是，根据系统可靠性定义，建立该情形下系统各阶段的退化可靠性模型如下：

阶段 1：

$$R_{\mathrm{Mean}}^1(t) = P\{X(t) \leqslant a\} = \Phi\left(\frac{a - \hat{\mu}(t)}{\sigma_A(t)}\right) = \Phi\left(\frac{a - \hat{\theta}g(t - \lambda^1 t_{1,k-1})}{\sqrt{\sigma^2(t - \lambda^2 t_{1,k-1})}}\right) \quad (6-1)$$

上式中，$\hat{\theta}$ 表示参数 θ 在第一阶段的估计值，一般根据观测收集到的退化数据采用极大似然估计方法确定。

阶段 j：

$$R_{\mathrm{B-Mean}}^j(t) = \int_{\theta \in \Theta} R(t \mid \theta) \pi_j(\theta \mid \boldsymbol{y}_j) \mathrm{d}\theta = \int_{\theta \in \Theta} P\{X(t) \leqslant a\} \pi_j(\theta \mid \boldsymbol{y}_j) \mathrm{d}\theta$$
$$= \int_{\theta \in \Theta} \Phi\left(\frac{a - \theta g(t - \lambda^1 t_{j,k-1})}{\sqrt{\sigma^2(t - \lambda^2 t_{j,k-1})}}\right) \pi_j(\theta \mid \boldsymbol{y}_j) \mathrm{d}\theta \quad (6-2)$$

上式中，$j = 2, 3, \cdots, N_j$，$\pi_j(\theta \mid \boldsymbol{y}_j)$ 表示参数 θ 在阶段 j 的后验分布，由观测收集到的退化数据 $\boldsymbol{y}_j$ 和 θ 的先验分布确定。

模型 II：θ 已知，φ 未知

此时，退化量均值函数 $\mu_k(t)$ 已知，方差函数 $\sigma_k^2(t)$ 未知，系统校正行为分别作用于函数 $\mu_k(t)$ 和 $h_k(t)$，即

$$\mu_k(t) = \mu(t - \lambda^1 t_{j,k-1}), \ h_k(t) = h(t - \lambda^2 t_{j,k-1})$$

于是，根据系统可靠性定义，建立该情形下系统各阶段的退化可靠性模型如下：

阶段 1：

$$R_{\text{Variance}}^1(t) = P\{X(t) \leqslant a\} = \Phi\left(\frac{a - \mu(t)}{\hat{\sigma}(t)}\right) = \Phi\left(\frac{a - \mu(t - \lambda^1 t_{1,k-1})}{\sqrt{\hat{\varphi} h(t - \lambda^2 t_{1,k-1})}}\right) \quad (6-3)$$

上式中，$\hat{\varphi}$ 表示参数 φ 在第一阶段的估计值，一般根据观测收集到的退化数据采用极大似然估计方法（MLE）确定。

阶段 j：

$$R_{\text{B-Variance}}^j(t) = \int_{\varphi \in \Phi} R(t \mid \varphi) \pi_j(\varphi \mid \boldsymbol{y}_j) \mathrm{d}\varphi = \int_{\varphi \in \Phi} P\{X(t) \leqslant a\} \pi_j(\varphi \mid \boldsymbol{y}_j) \mathrm{d}\varphi$$

$$= \int_{\theta \in \Theta} \Phi\left(\frac{a - \mu(t - \lambda^1 t_{j,k-1})}{\sqrt{\hat{\varphi} h(t - \lambda^2 t_{j,k-1})}}\right) \pi_j(\varphi \mid \boldsymbol{y}_j) \mathrm{d}\varphi$$

$$(6-4)$$

上式中，$j = 2, 3, \cdots, N_j$，$\pi_j(\varphi \mid \boldsymbol{y}_j)$ 表示参数 φ 在阶段 j 的后验分布，由观测收集到的退化数据和 φ 的先验分布确定。

需要注意的是，虽然以上两种可校正系统退化模型在校正方式上有所区别，但同时具有以下三个共同点：一是校正影响系数（或校正度）λ^1 和 λ^2 共同确定系统的校正效果；二是当校正度取值为 0 或 1 时，其含义与上一章单阶段可校正模型相同；三是校正度 λ^1 和 λ^2 的取值越大，其对系统的改进效果也越大。此外，由于模型中假设 θ 和 φ 是相互独立的随机变量，故本章只需考虑以上两种情形即可，对于 θ 和 φ 均未知情形下的可靠性评估问题易于求解，不作细化研究。

6.2 模型参数估计

根据以上分析可知，求解系统可靠性的关键问题是对不同模型下的参数 θ 和 φ 进行估计。考虑到系统运行的多阶段性，我们可以综合应用 MLE 方法和贝叶斯方法计算未知参数的估计值和后验分布。

6.2.1 参数 θ 的估计及后验分布

根据模型假设，参数 θ 存在于函数 $\mu(t) = \theta g(t)$ 中，在阶段 j 用 θ_j 表示，其估计方法描述如下：

阶段 1：

此阶段，系统退化量 $X_1(t) \sim N(\mu_k(t), \sigma_k^2(t))$，共观测到 n_1 个性能退化数据，即
$\boldsymbol{y}_1 = \{\boldsymbol{y}_{1,1}, \boldsymbol{y}_{1,2}, \cdots, \boldsymbol{y}_{1,N_1}\} = \{y(t_{1,1}^{(1)}), y(t_{1,2}^{(1)}), \cdots, y(t_{1,n_{1,1}}^{(1)}), y(t_{2,1}^{(1)}), y(t_{2,2}^{(1)}), \cdots, y(t_{N1,n_{1,N_1}}^{(1)})\}$
且均值函数 $\mu_k(t) = \theta_1 g_k(t)$，方差函数为 $\sigma_k^2(t)$。因此，采用 MLE 可求解参数 θ 的估计值。

首先，根据观测退化数据得到似然函数表达式为

$$L(\theta) = f(\boldsymbol{y}_{1,1})f(\boldsymbol{y}_{1,2})\cdots f(\boldsymbol{y}_{1,N_1}) = \prod_{k=1}^{N_1}\prod_{i=1}^{n_{1,k}}\left[\frac{1}{\sqrt{2\pi\sigma_k^2(t_{k,i}^{(1)})}}\exp\left(-\frac{(y(t_{k,i}^{(1)})-\theta_1 g_k(t_{k,i}^{(1)}))^2}{2\sigma_k^2(t_{k,i}^{(1)})}\right)\right]$$

其对数似然函数为

$$\ln L(\theta_1) = -\sum_{k=1}^{N_1}\sum_{i=1}^{n_{1,k}}\frac{(y(t_{k,i}^{(1)})-\theta_1 g_k(t_{k,i}^{(1)}))^2}{2\sigma_k^2(t_{k,i}^{(1)})} - \frac{1}{2}\sum_{k=1}^{N_1}\sum_{i=1}^{n_{1,k}}\ln\sigma_k^2(t_{k,i}^{(1)}) - \frac{n_1}{2}\ln 2\pi$$

令

$$\frac{\partial \ln L(\theta_1)}{\partial \theta_1} = \sum_{k=1}^{N_1}\sum_{i=1}^{n_{1,k}}\frac{1}{\sigma^2(t_{k,i}^{(1)})}g_k(t_{k,i}^{(1)})(y(t_{k,i}^{(1)})-\theta_1 g_k(t_{k,i}^{(1)})) = 0$$

解之得

$$\hat{\theta}_1 = \sum_{k=1}^{N_1}\sum_{i=1}^{n_{1,k}}\frac{y(t_{k,i}^{(1)})g_k(t_{k,i}^{(1)})}{\sigma_k^2(t_{k,i}^{(1)})}\Bigg/\sum_{k=1}^{N_1}\sum_{i=1}^{n_{1,k}}\frac{g_k^2(t_{k,i}^{(1)})}{\sigma_k^2(t_{k,i}^{(1)})} \qquad (6-5)$$

阶段 2：

此阶段，系统退化量 $X_2(t) \sim N(\mu_k(t), \sigma_k^2(t))$，共观测到 n_2 个性能退化数据，即 $\boldsymbol{y}_2 = \{\boldsymbol{y}_{2,1}, \boldsymbol{y}_{2,2}, \cdots, \boldsymbol{y}_{2,N_2}\} = \{y(t_{1,1}^{(2)}), y(t_{1,2}^{(2)}), \cdots, y(t_{1,n_{2,1}}^{(2)}), y(t_{2,1}^{(2)}), y(t_{2,2}^{(2)}), \cdots, y(t_{N_2,n_{2,N_2}}^{(2)})\}$ 且均值函数 $\mu_k(t) = \theta_2 g_k(t)$，方差函数为 $\sigma_k^2(t)$。不失一般性，假定 θ_2 的先验分布为均匀分布，即 $\pi_2(\theta_2) = U[0, 2\hat{\theta}_1]$，$\hat{\theta}_1 > 0$，则利用贝叶斯公式可求解 θ_2 的后验分布，在此之前，我们先给出以下定理。

定理 6.1　对于正态分布 $N(\mu, \sigma^2)$，当均值 μ 未知、方差 σ^2 已知时，若 μ 的先验分布为均匀分布，则 μ 的后验分布仍为正态分布。

证明：μ 的先验分布为均匀分布，设 $\mu \sim U(a, b)$，来自正态总体 $N(\mu, \sigma^2)$ 的样本是 $\boldsymbol{x}^{\mathrm{T}} = \{x_1, x_2, \cdots, x_n\}$，则样本的联合分布

$$P(\boldsymbol{x}^{\mathrm{T}} \mid \mu) = (2\pi\sigma^2)^{-n/2}\exp\left(-\sum_{i=1}^{n}(x_i - \mu)^2/2\sigma^2\right)$$

根据贝叶斯公式，μ 的后验分布为

$$L(\mu \mid \boldsymbol{x}^{\mathrm{T}}) = \frac{P(\boldsymbol{x}^{\mathrm{T}} \mid \mu)\pi(\mu)}{\displaystyle\int_{\Theta} P(\boldsymbol{x}^{\mathrm{T}} \mid \mu)\pi(\mu)\mathrm{d}\mu} \propto \exp\left(-\sum_{i=1}^{n}(x_i - \mu)^2/2\sigma^2\right) \propto \exp\left(\frac{-(\mu - \bar{x})^2}{2\sigma^2/n}\right)$$

其中，符号 $\propto$ 表示前后两式成比例关系。显然，最后一式仍然为正态分布的核，故 μ 的后验分布为正态分布，得证。

根据以上定理，考虑到 $g_k(t)$ 和 $\sigma_k^2(t)$ 随时间变化，采用类似方法和贝叶斯公式，可得

$$L(\theta_2 \mid \boldsymbol{y}_2) = \frac{L(\boldsymbol{y}_2 \mid \theta_2)\pi_2(\theta_2)}{\displaystyle\int_{\Theta} L(\boldsymbol{y}_2 \mid \theta_2)\pi_2(\theta_2)\mathrm{d}\theta_2} \propto \exp\left[-\frac{1}{2}\frac{1}{1/\Delta_1^2}\left(\theta_2 - \frac{\Delta_2^2}{\Delta_1^2}\right)^2\right]$$

其中，令

$$\Delta_1^2 = \sum_{k=1}^{N_2}\sum_{i=1}^{n_{2,k}}g_k^2(t_{k,i}^{(2)})/\sigma_k^2(t_{k,i}^{(2)}), \quad \Delta_2^2 = \sum_{k=1}^{N_2}\sum_{i=1}^{n_{2,k}}y(t_{k,i}^{(2)})g_k(t_{k,i}^{(2)})/\sigma_k^2(t_{k,i}^{(2)}), \quad \mu_2 = \Delta_2^2/\Delta_1^2$$

$\sigma_2^2 = 1/\Delta_1^2$。于是，此阶段 θ_2 的后验分布为双侧截尾正态分布，且

$$\pi(\theta_2 \mid \boldsymbol{y}_2) = TN(\mu_2, \sigma_2^2) = TN\left(\Delta_2^{(2)}/\Delta_1^{(2)}, \left(1/\sqrt{\Delta_1^{(2)}}\right)^2\right), 0 \leqslant \theta_2 \leqslant 2\hat{\theta}_1 \quad (6-6)$$

需要指出的是，截尾正态分布概率密度函数满足正则性条件，因此，对于随机变量 $X \sim TN(\mu_2, \sigma_2^2)$，其概率密度函数为

$$f(x) = \exp\left(-\frac{(x-\mu_2)^2}{2\sigma_2^2}\right) / \int_0^{2\hat{\theta}_1} \exp\left(-\frac{(x-\mu_2)^2}{2\sigma_2^2}\right) \mathrm{d}x, 0 \leqslant x \leqslant 2\hat{\theta}_1$$

阶段 3：

此阶段，系统退化量 $X_3(t) \sim N(\mu_k(t), \sigma_k^2(t))$，共观测到 n_3 个性能退化数据，即 $\boldsymbol{y}_3 = \{\boldsymbol{y}_{3,1}, \boldsymbol{y}_{3,2}, \cdots, \boldsymbol{y}_{3,N_3}\} = \{y(t_{1,1}^{(3)}), y(t_{1,2}^{(3)}), \cdots, y(t_{1,n_{3,1}}^{(3)}), y(t_{2,1}^{(3)}), y(t_{2,2}^{(3)}), \cdots, y(t_{N_3,n_{3,N_3}}^{(3)})\}$。假设 θ_3 的先验分布为双侧截尾正态分布，即 $\pi_3(\theta_3) = TN(\mu_2, \sigma_2^2)$，则利用贝叶斯公式可求解 θ_3 的后验分布，在此之前，我们先给出以下定理。

定理 6.2　对于正态分布 $N(\mu, \sigma^2)$，当均值 μ 未知、方差 σ^2 已知时，若 μ 的先验分布为正态分布，则后验分布仍为正态分布，即正态分布是其共轭先验分布。

证明：证明方法与定理 6.1 类似，可参见参考文献 [150]。

根据以上定理和贝叶斯公式，可得

$$L(\theta_3 \mid \boldsymbol{y}_3) = \frac{L(\boldsymbol{y}_3 \mid \theta_3)\pi_3(\theta_3)}{\int_{\Theta} L(\boldsymbol{y}_3 \mid \theta_3)\pi_3(\theta_3)\mathrm{d}\theta_3} \propto \exp\left[-\frac{1}{2}\left(\Delta_1^3 + \frac{1}{b_2}\right)\left(\theta_3 - \frac{\Delta_2^3 + a_2/b_2}{\Delta_1^3 + 1/b_2}\right)^2\right]$$

$$= \exp\left[-\frac{1}{2}\frac{b_2 + b_3}{b_2 b_3}\left(\theta_3 - \frac{a_2 b_3 + a_3 b_2}{b_2 + b_3}\right)^2\right]$$

其中

$$\pi_3(\theta_3) = TN\left(\Delta_2^2/\Delta_1^2, \left(1/\sqrt{\Delta_1^2}\right)^2\right), 0 \leqslant \theta_3 \leqslant 2\hat{\theta}_1, a_2 = \Delta_2^2/\Delta_1^2, b_2 = 1/\Delta_1^2, a_3 = \Delta_2^3/\Delta_1^3,$$

$$\Delta_1^3 = \sum_{k=1}^{N_3}\sum_i^{n_{3,k}} g_k^2(t_{k,i}^{(3)})/\sigma_k^2(t_{k,i}^{(3)}), \Delta_2^3 = \sum_{k=1}^{N_3}\sum_{i=1}^{n_{3,k}} y(t_{k,i}^{(3)})g_k(t_{k,i}^{(3)})/\sigma_k^2(t_{k,i}^{(3)}), b_3 = 1/\Delta_1^3,$$

$b_3 = 1/\Delta_1^3, u_3 = (a_2 b_3 + a_3 b_2)/(b_2 + b_3), \sigma_3^3 = b_2 b_3/(b_2 + b_3)$

因此，此阶段 θ_3 的后验分布为

$$\pi(\theta_3 \mid \boldsymbol{y}_3) = TN(\mu_3, \sigma_3^3) = TN\left(\frac{a_2 b_3 + a_3 b_2}{b_2 + b_3}, \left(\sqrt{\frac{b_2 b_3}{b_2 + b_3}}\right)^2\right) \quad (6-7)$$

阶段 j：

类似的，系统退化量 $X_j(t) \sim N(\mu_k(t), \sigma_k^2(t))$，共观测到 n_j 个性能退化数据，即 $\boldsymbol{y}_j = \{\boldsymbol{y}_{j,1}, \boldsymbol{y}_{j,2}, \cdots, \boldsymbol{y}_{j,N_j}\} = \{y(t_{1,1}^{(j)}), y(t_{1,2}^{(j)}), \cdots, y(t_{1,n_{j,1}}^{(j)}), y(t_{2,1}^{(j)}), y(t_{2,2}^{(j)}), \cdots, y(t_{N_j,n_{j,N_j}}^{(j)})\}$。假设 θ_j 的先验分布为双侧截尾正态分布，即 $\pi_j(\theta_j) = TN(\mu_{j-1}, \sigma_{j-1}^2)$，基于以上假设和分析，我们进一步给出求解多阶段可校正系统参数 θ_j 的后验分布的相关定理如下：

定理 6.3　多阶段可校正系统在阶段 j 的退化量 $X_j(t) \sim N(\mu_j(t), \sigma_j^2(t))$，$j \geqslant 3$，$\mu_j(t) = \theta_j g_j(t)$，$g_j(t)$ 和 $\sigma_j^2(t)$ 为已知函数，若 θ_j 的先验分布为双侧截尾正态分布，即

$\pi_j(\theta_j) = TN(\mu_{j-1}, \sigma_{j-1}^2)$， 则 θ_j 的后验分布仍为双侧截尾正态分布，且

$$\pi(\theta_j \mid \boldsymbol{y}_j) = TN(\mu_j, \sigma_j^2) = TN\left(\frac{\Delta_2^j + \mu_{j-1}/\sigma_{j-1}^2}{\Delta_1^j + 1/\sigma_{j-1}^2}, \frac{\sigma_{j-1}^2}{\sigma_{j-1}^2 \Delta_1^j + 1}\right)$$

其中，$\pi_j(\theta_j) = TN(\mu_{j-1}, \sigma_{j-1}^2)$，$\theta_j \in (0, 2\hat{\theta}_1)$，$\Delta_1^j = \sum\limits_{k=1}^{N_j}\sum\limits_{i=1}^{n_{j,k}} g_k^2(t_{k,i}^{(j)})/\sigma_k^2(t_{k,i}^{(j)})$，$\Delta_2^j = \sum\limits_{k=1}^{N_j}\sum\limits_{i=1}^{n_{j,k}} y(t_{k,i}^{(j)}) g_k(t_{k,i}^{(j)})/\sigma_k^2(t_{k,i}^{(j)})$，$\mu_j = \dfrac{\Delta_2^j + \mu_{j-1}/\sigma_{j-1}^2}{\Delta_1^j + 1/\sigma_{j-1}^2}$，$\sigma_j^2 = \dfrac{\sigma_{j-1}^2}{\sigma_{j-1}^2 \Delta_1^j + 1}$。

证明：采用递归法进行证明。当 $j = 3$ 时，根据阶段 3 的相关结论，定理 6.3 显然成立。对于阶段 j，根据贝叶斯公式可得

$$L(\theta_j \mid \boldsymbol{y}_j) = \frac{L(\boldsymbol{y}_j \mid \theta_j)\pi_j(\theta_j)}{\int_\Theta L(\boldsymbol{y}_j \mid \theta_j)\pi_j(\theta_j)\mathrm{d}\theta_j} \propto \exp\left[-\frac{1}{2}\left(\Delta_1^j + \frac{1}{\sigma_{j-1}^2}\right)\left(\theta_j - \frac{\Delta_2^j + \mu_{j-1}/\sigma_{j-1}^2}{\Delta_1^j + 1/\sigma_{j-1}^2}\right)^2\right]$$

$$= \exp\left[-\frac{1}{2}\left(\theta_j - \frac{\Delta_2^j + \mu_{j-1}/\sigma_{j-1}^2}{\Delta_1^j + 1/\sigma_{j-1}^2}\right)^2 \bigg/ \frac{\sigma_{j-1}^2}{\sigma_{j-1}^2 \Delta_1^j + 1}\right]$$

于是

$$\pi(\theta_j \mid \boldsymbol{y}_j) = TN(\mu_j, \sigma_j^2) = TN\left(\frac{\Delta_2^j + \mu_{j-1}/\sigma_{j-1}^2}{\Delta_1^j + 1/\sigma_{j-1}^2}, \frac{\sigma_{j-1}^2}{\sigma_{j-1}^2 \Delta_1^j + 1}\right) \quad (6-8)$$

显然，定理得证。

　　以上内容对多阶段可校正系统退化模型中参数 θ 的估计及后验分布进行了深入分析并推导证明了相关定理，接下来将着眼于系统运行的多阶段特征，对参数 θ 的方差进一步分析并给出相关经验结论。

6.2.2　参数 θ 的方差及相关结论

　　通过上一节分析可知，对于多阶段可校正系统，当 $j \geqslant 2$ 时，模型参数 θ 服从双侧截尾正态分布，且 $\theta \in [0, 2\hat{\theta}]$。事实上，随着系统运行阶段的不断增加，收集的性能退化数据不断丰富，参数 θ 的方差将逐渐减小。为此，本节首先不加证明地给出三个简单的引理，在此基础上进一步给出 θ 的方差变化规律的相关定理和证明。

　　引理 6.1　当随机变量 $\theta \in [0, 2\hat{\theta}]$，$\hat{\theta} > 0$ 时，θ 服从双侧截尾正态分布，即 $\theta \sim N(\mu, \sigma^2)$ 则有

$$\begin{cases} E(\theta) = \mu + \left(\varphi\left(\dfrac{-\mu}{\sigma}\right) - \varphi\left(\dfrac{2\hat{\theta}-\mu}{\sigma}\right)\right)\bigg/\left(\Phi\left(\dfrac{2\hat{\theta}-\mu}{\sigma}\right) - \Phi\left(\dfrac{-\mu}{\sigma}\right)\right)\sigma \\[3mm] \mathrm{Var}(\theta) = \sigma^2\left(1 + \dfrac{\dfrac{-\mu}{\sigma}\varphi\left(\dfrac{-\mu}{\sigma}\right) - \dfrac{2\hat{\theta}-\mu}{\sigma}\varphi\left(\dfrac{2\hat{\theta}-\mu}{\sigma}\right)}{\Phi\left(\dfrac{2\hat{\theta}-\mu}{\sigma}\right) - \Phi\left(\dfrac{-\mu}{\sigma}\right)} - \left(\dfrac{\varphi\left(\dfrac{-\mu}{\sigma}\right) - \varphi\left(\dfrac{2\hat{\theta}-\mu}{\sigma}\right)}{\Phi\left(\dfrac{2\hat{\theta}-\mu}{\sigma}\right) - \Phi\left(\dfrac{-\mu}{\sigma}\right)}\right)^2\right) \end{cases}$$

　　引理 6.2　多阶段可校正系统模型参数 θ（本章中）的方差是收敛的。

引理 6.3　随机变量 θ 服从双侧截尾正态分布，则 θ 的均值不大于截尾区间内 θ 的最大值。

以下将给出 $\mathrm{Var}(\theta_j)$ 的有关定理，并证明当 $j = 2，3，\cdots$ 时，$\mathrm{Var}(\theta_j) < \mathrm{Var}(\theta_{j-1})$。

定理 6.4　若随机变量 θ_j 服从双侧截尾正态分布，即 $\theta_j \sim TN(\mu_j，\sigma_j^2)$，其中，$j = 2，3，\cdots \mu_j \in [0，2\hat{\theta}] \, \sigma_j^2 = \sigma_{j-1}^2/(\Delta_1^j\sigma_{j-1}^2 + 1)$ 则有

$$\lim_{j \to +\infty}\{\sigma_j^2\} = 0 \text{ 且 } \lim_{j \to +\infty}\{\mathrm{Var}(\theta_j)\} = 0$$

证明：根据 6.2.1 节的相关结论，可知

$$\sigma_2^2 = 1/\Delta_1^2 = 1/\left(\sum_{k=1}^{N_2}\sum_{i=1}^{n_{2,k}}g_k^2(t_{k,i}^{(2)})/\sigma_k^2(t_{k,i}^{(2)})\right)，\Delta_1^3 = \sum_{k=1}^{N_3}\sum_i^{n_{3,k}}g_k^2(t_{k,i}^{(3)})/\sigma_k^2(t_{k,i}^{(3)})，\sigma_3^2 = \sigma_2^2/(\Delta_1^3\sigma_2^2 + 1)$$

根据引理 6.2 可知数列 $\{\sigma_j^2\}$ 是收敛的，因为 $\sigma_j^2 = \sigma_{j-1}^2/(\Delta_1^j\sigma_{j-1}^2 + 1)$，$\Delta_1^j = \sum_{k=1}^{N_j}\sum_i^{n_{j,k}}g_k^2(t_{k,i}^{(j)})/\sigma_k^2(t_{k,i}^{(j)}) > 0$ 则有 $\sigma_j^2/\sigma_{j-1}^2 = 1/(\Delta_1^j\sigma_{j-1}^2 + 1) < 1$ 因此，$\sigma_j^2 < \sigma_{j-1}^2$，$\{\sigma_j^2，\sigma_j^2 \geqslant 0\}$ 是单调递减收敛的。

进一步分析 $\{\mathrm{Var}(\theta_j)\}$ 的极限 $\lim_{j \to \infty}\{\mathrm{Var}(\theta_j)\}$ 由于

$$\lim_{j \to \infty}\{\sigma_{j-1}^2/(\Delta_1^j\lim_{j \to \infty}\sigma_{j-1}^2 + 1)\} = \lim_{j \to \infty}\{\sigma_{j-1}^2\}$$

令 $\lim_{j \to \infty}\{\sigma_{j-1}^2\} = c \geqslant 0$ 且 $\lim_{j \to \infty}\{\Delta_1^j\} = \Delta$ 于是可得

$$c/(\Delta c + 1) = c，\Rightarrow c^2\Delta = 0 \text{ 且 } \lim_{j \to \infty}\{\sigma_j^2\} = c = 0$$

根据引理 6.1，θ_j 的方差为

$$\mathrm{Var}(\theta_j) = \sigma_j^2\left(1 + \frac{\dfrac{-\mu_j}{\sigma_j}\varphi\left(\dfrac{-\mu_j}{\sigma_j}\right) - \dfrac{2\hat{\theta} - \mu_j}{\sigma_j}\varphi\left(\dfrac{2\hat{\theta} - \mu_j}{\sigma_j}\right)}{\Phi\left(\dfrac{2\hat{\theta} - \mu_j}{\sigma_j}\right) - \Phi\left(\dfrac{-\mu_j}{\sigma_j}\right)} - \left(\frac{\varphi\left(\dfrac{-\mu_j}{\sigma_j}\right) - \varphi\left(\dfrac{2\hat{\theta} - \mu_j}{\sigma_j}\right)}{\Phi\left(\dfrac{2\hat{\theta} - \mu_j}{\sigma_j}\right) - \Phi\left(\dfrac{-\mu_j}{\sigma_j}\right)}\right)^2\right)$$

其中，$u_j = (\Delta_2^j + \mu_{j-1}/\sigma_{j-1}^2)/(\Delta_1^j + 1/\sigma_{j-1}^2)$ 由于 $\mu_j \in [0，2\hat{\theta}]$ 则

$$\mathrm{Var}(\theta_j) < \sigma_j^2，j = 2,3,\cdots$$

同时根据引理 6.3，可得

$$E(\theta_j) = \left(\mu_j + \left(\sigma_j\varphi\left(\frac{-\mu_j}{\sigma_j}\right) - \varphi\left(\frac{2\hat{\theta} - \mu_j}{\sigma_j}\right)\right)\bigg/\left(\Phi\left(\frac{2\hat{\theta} - \mu_j}{\sigma_j}\right) - \Phi\left(\frac{-\mu_j}{\sigma_j}\right)\right)\right)$$

且 $E(\theta_j) \leqslant 2\hat{\theta}$。定理得证。

以上定理表明，随着运行阶段的增加，多阶段可校正系统中的模型参数 θ 的方差逐渐减小，其极限为零。也就是说，随着有效信息的增加，参数 θ 接近于常数，估计值越来越准确。

6.2.3　参数 φ 的估计及后验分布

根据模型假设，参数 φ 存在于函数 $\sigma^2(t) = \varphi h(t)$ 中，在阶段 j 用 φ_j 表示，其估计方

法与 θ 相似，故本节将在提出的相关定理基础上，直接给出各阶段 φ_j 的结果表达式。

定理 6.5 对于正态分布 $N(\mu,\sigma^2)$ 当均值 μ 已知、方差 σ^2 未知时，若 σ^2 的先验分布为均匀分布，则 σ^2 的后验分布为单侧截尾逆 Gamma 分布。

证明：证明过程略，方法与定理 6.1 类似。

定理 6.6 对于正态分布 $N(\mu,\sigma^2)$ 当均值 μ 已知、方差 σ^2 未知时，若 σ^2 的先验分布为单侧截尾逆 Gamma 分布，则后验分布仍为单侧截尾逆 Gamma 分布，即单侧截尾逆 Gamma 分布是其共轭先验分布。

证明：见参考文献 [150]。

阶段 1：

此阶段，采用 MLE 可求解参数 φ_1 的估计值为

$$\hat{\varphi}_1 = \sum_{k=1}^{N_1} \sum_{i=1}^{n_{1,k}} \left(\frac{(y(t_{k,i}^{(1)}) - \mu_k(t_{k,i}^{(1)}))^2}{h_k(t_{k\cdot i}^{(1)})} \right) / n_1 \tag{6-9}$$

阶段 2：

不失一般性，假定 φ_2 的先验分布为均匀分布，即 $\pi_2(\varphi_2) = U[0,2\hat{\varphi}_1]$ 根据定理 6.5 可得

$$\pi(\varphi_2 \mid \mathbf{y}_2) = TIG(\alpha_2,\beta_2) = TIG\left(\frac{n_2-2}{2}, \frac{1}{2} \sum_{k=1}^{N_2} \sum_{i=1}^{n_{2,k}} \frac{[y(t_{k,i}^{(2)}) - \mu_k(t_{k,i}^{(2)})]^2}{h_k(t_{k,i}^{(2)})} \right) \tag{6-10}$$

阶段 3：

以前一阶段的后验分布为此阶段的先验分布，即 $\pi_3(\varphi_3) = TIG(\alpha_2,\beta_2)$ 根据定理 6.6 计算可得

$$\pi(\varphi_3 \mid \mathbf{y}_3) = TIG(\alpha_3,\beta_3) = TIG\left(\alpha_2 + \frac{n_3}{2}, \beta_2 + \frac{1}{2} \sum_{k=1}^{N_3} \sum_{i=1}^{n_{3,k}} \frac{[y(t_{k,i}^{(3)}) - \mu_k(t_{k,i}^{(3)})]^2}{h_k(t_{k,i}^{(3)})} \right) \tag{6-11}$$

阶段 j：

类似的，此阶段 $\pi_j(\varphi_j) = TIG(\alpha_{j-1},\beta_{j-1})$ 根据定理 6.6 并采用定理 6.3 类似的递归法计算可得

$$\pi(\varphi_j \mid \mathbf{y}_j) = TIG(\alpha_j,\beta_j) = TIG\left(\alpha_{j-1} + \frac{n_j}{2}, \beta_{j-1} + \frac{1}{2} \sum_{k=1}^{N_j} \sum_{i=1}^{n_{j,k}} \frac{[y(t_{k,i}^{(j)}) - \mu_k(t_{k,i}^{(j)})]^2}{h_k(t_{k,i}^{(j)})} \right) \tag{6-12}$$

需要指出的是，在本章建立的多阶段可校正系统退化模型与参数 θ 的方差变化规律相似，即随着运行阶段的不断增加，有效信息不断增加，$\mathrm{Var}(\varphi_j)$ 不断递减，这与贝叶斯理论完全相符，因此本章不再对 $\mathrm{Var}(\varphi_j)$ 的变化特性进行详述。

6.3　确定型阈值情形下多阶段系统退化可靠性评估方法

根据以上建立的确定型阈值情形下多阶段可校正系统退化模型及提出的模型参数估计

方法，本节将给出系统运行各阶段的可靠性评估方法。

模型Ⅰ：

在阶段 1，根据式（6-1）和式（6-5）可得

$$
\begin{aligned}
R_{\mathrm{Mean}}^{1}(t) &= \Phi\!\left(\frac{a-\hat{\theta}_{1}g\left(t-\lambda^{1}t_{1,k-1}\right)}{\sqrt{\sigma^{2}\left(t-\lambda^{2}t_{1,k-1}\right)}}\right) \\
&= \Phi\!\left(\frac{a-\left(\displaystyle\sum_{k=1}^{N_{1}}\sum_{i=1}^{n_{1,k}}\frac{y\left(t_{k,i}^{(1)}\right)g_{k}\left(t_{k,i}^{(1)}\right)}{\sigma_{k}^{2}\left(t_{k,i}^{(1)}\right)}\Big/\sum_{k=1}^{N_{1}}\sum_{i=1}^{n_{1,k}}\frac{g_{k}^{2}\left(t_{k,i}^{(1)}\right)}{\sigma_{k}^{2}\left(t_{k,i}^{(1)}\right)}\right)g\left(t-\lambda^{1}t_{1,k-1}\right)}{\sqrt{\sigma^{2}\left(t-\lambda^{2}t_{1,k-1}\right)}}\right)
\end{aligned}
$$

$$(6-13)$$

在阶段 j，$j=2,3,\cdots$ 根据式（6-2）和式（6-8）可得

$$
\begin{aligned}
R_{\mathrm{B-Mean}}^{j}(t) &= \int_{0}^{2\hat{\theta}_{1}}R(t\mid\theta)\pi(\theta\mid\boldsymbol{y}_{j})\,\mathrm{d}\theta \\
&= \frac{\displaystyle\int_{0}^{2\hat{\theta}_{1}}\int_{0}^{a}\frac{1}{\sqrt{2\pi\sigma_{k}^{2}(t)}}\exp\!\left(-\frac{\left(x-\theta g_{k}(t)\right)^{2}}{2\sigma_{k}^{2}(t)}\right)\mathrm{d}x\times\exp\!\left(-\frac{\left(\theta-\mu_{j}\right)^{2}}{2\sigma_{j}^{2}}\right)\mathrm{d}\theta}{\displaystyle\int_{0}^{2\hat{\theta}_{1}}\exp\!\left(-\frac{\left(\theta-\mu_{j}\right)^{2}}{2\sigma_{j}^{2}}\right)\mathrm{d}\theta}
\end{aligned}
$$

$$(6-14)$$

模型Ⅱ：

同理，在阶段 1，根据式（6-3）和式（6-9）可得

$$
\begin{aligned}
R_{\mathrm{Variance}}^{1}(t) &= \Phi\!\left(\frac{a-\mu\left(t-\lambda^{1}t_{1,k-1}\right)}{\sqrt{\hat{\varphi}_{1}h\left(t-\lambda^{2}t_{1,k-1}\right)}}\right) \\
&= \Phi\!\left(\left(a-\mu\left(t-\lambda^{1}t_{1,k-1}\right)\right)\Big/\sqrt{\left(\sum_{k=1}^{N_{1}}\sum_{i=1}^{n_{1,k}}\left(\frac{\left(y\left(t_{k,i}^{(1)}\right)-\mu_{k}\left(t_{k,i}^{(1)}\right)\right)^{2}}{h_{k}\left(t_{ki}^{(1)}\right)}\right)\Big/n_{1}\right)h\left(t-\lambda^{2}t_{1,k-1}\right)}\right)
\end{aligned}
$$

$$(6-15)$$

在阶段 j，$j=2,3,\cdots$ 根据式（6-4）和式（6-12）可得

$$
\begin{aligned}
R_{\mathrm{B-Variance}}^{j}(t) &= \int_{0}^{2\hat{\varphi}_{1}}R(t\mid\varphi)\pi(\varphi\mid\boldsymbol{y}_{j})\,\mathrm{d}\varphi \\
&= \frac{\displaystyle\int_{0}^{2\hat{\varphi}_{1}}\int_{-\infty}^{a}\frac{\exp\!\left(-\dfrac{\left(x-\mu_{k}(t)\right)^{2}}{2\varphi h_{k}(t)}\right)}{\sqrt{2\pi\varphi h_{k}(t)}}\mathrm{d}x\left(\frac{1}{\varphi}\right)^{\left(a_{j}+1\right)}\exp\!\left(-\frac{\beta_{j}}{\varphi}\right)\mathrm{d}\varphi}{\displaystyle\int_{0}^{2\hat{\varphi}_{1}}\left(\frac{1}{\varphi}\right)^{\left(a_{j}+1\right)}\exp\!\left(-\frac{\beta_{j}}{\varphi}\right)\mathrm{d}\varphi}
\end{aligned}
$$

$$(6-16)$$

6.4　随机型阈值情形下多阶段系统退化可靠性评估方法

以上几节内容针对确定型失效阈值，建立了多阶段可校正系统退化模型，并提出了相

应的可靠性评估方法。本节将重点探讨失效阈值为随机变量情形下的可靠性评估问题。

首先，保持 6.1.1 节模型中其他假设不变，仅将假设 2) 替换为：

系统的可靠性定义为时刻 t 退化量 $X(t)$ 不超过随机阈值 D 的概率，且其概率密度函数为 $f_D(u)$。

此时，根据阈值的随机性，则有

$$E_D(R(t)) = \int_{\text{all } u} R(t \mid D) f_D(u) \mathrm{d}u$$

因此，针对模型 I 和模型 II，仍可采用本章 6.2 节的方法求解模型参数估计值和后验分布，以下进一步提出系统运行各阶段的可靠性评估方法。

模型 I：

阶段 1 的可靠度表达式为

$$
\begin{aligned}
R_{\text{Mean}}^1(t \mid D) &= \Phi\left(\frac{D - \hat{\theta}_1 g(t - \lambda^1 t_{1,k-1})}{\sqrt{\sigma^2(t - \lambda^2 t_{1,k-1})}} \right) \\
&= \Phi\left(\frac{D - \left(\sum_{k=1}^{N_1} \sum_{i=1}^{n_{1,k}} \frac{y(t_{k,i}^{(1)}) g_k(t_{k,i}^{(1)})}{\sigma_k^2(t_{k,i}^{(1)})} \Big/ \sum_{k=1}^{N_1} \sum_{i=1}^{n_{1,k}} \frac{g_k^2(t_{k,i}^{(1)})}{\sigma_k^2(t_{k,i}^{(1)})} \right) g(t - \lambda^1 t_{1,k-1})}{\sqrt{\sigma^2(t - \lambda^2 t_{1,k-1})}} \right)
\end{aligned}
$$

$$(6-17)$$

阶段 j 的可靠度表达式为

$$
\begin{aligned}
R_{\text{B-Mean}}^j(t) &= \int_{\text{all } u} \int_0^{2\hat{\theta}_1} R_{\text{B-Mean}}^j(t \mid u, \theta) \pi(\theta \mid \mathbf{y}_j) \mathrm{d}\theta f_D(u) \mathrm{d}u \\
&= \frac{\int_{\text{all } u} \int_{-\infty}^u \int_0^{2\hat{\theta}_1} \frac{1}{\sqrt{2\pi\sigma_k^2(t)}} \exp\left(-\frac{(x - \theta g_k(t))^2}{2\sigma_k^2(t)} \right) \times \exp\left(-\frac{(\theta - \mu_j)^2}{2\sigma_j^2} \right) f_D(u) \mathrm{d}x \, \mathrm{d}\theta \, \mathrm{d}u}{\int_0^{2\hat{\theta}} \exp\left(-\frac{(\theta - \mu_j)^2}{2\sigma_j^2} \right) \mathrm{d}\theta}
\end{aligned}
$$

$$(6-18)$$

模型 II：

阶段 1 的可靠度表达式为

$$
\begin{aligned}
R_{\text{Variance}}^1(t) &= \Phi\left(\frac{D - \mu(t - \lambda^1 t_{1,k-1})}{\sqrt{\hat{\varphi}_1 h(t - \lambda^2 t_{1,k-1})}} \right) \\
&= \Phi\left((D - \mu(t - \lambda^1 t_{1,k-1})) \Big/ \sqrt{\left(\sum_{k=1}^{N_1} \sum_{i=1}^{n_{1,k}} \left(\frac{(y(t_{k,i}^{(1)}) - \mu_k(t_{k,i}^{(1)}))^2}{h_k(t_{k,i}^{(1)})} \right) \Big/ n_1 \right) h(t - \lambda^2 t_{1,k-1})} \right)
\end{aligned}
$$

$$(6-19)$$

阶段 j 的可靠度表达式为

$$R_{\text{B-Variance}}^{j}(t) = \int_{\text{all } u} \int_{0}^{2\widehat{\varphi}_{1}} R_{\text{B-Variance}}^{j}(t \mid u, \varphi) \pi(\varphi \mid \mathbf{y}_{j}) \, \mathrm{d}\varphi f_{D}(u) \, \mathrm{d}u$$

$$= \frac{\displaystyle\int_{\text{all } u} \int_{0}^{2\widehat{\varphi}_{1}} \int_{-\infty}^{u} \frac{\exp\left(-\dfrac{(x - \mu_{k}(t))^{2}}{2\varphi h_{k}(t)}\right)}{\sqrt{2\pi\varphi h_{k}(t)}} \, \mathrm{d}x \left(\dfrac{1}{\varphi}\right)^{(a_{j}+1)} \exp\left(-\dfrac{\beta_{j}}{\varphi}\right) \mathrm{d}\varphi f_{D}(u) \, \mathrm{d}u}{\displaystyle\int_{0}^{2\widehat{\varphi}_{1}} \left(\dfrac{1}{\varphi}\right)^{(a_{j}+1)} \exp\left(-\dfrac{\beta_{j}}{\varphi}\right) \mathrm{d}\varphi}$$

$$(6-20)$$

显然，（6-19）和（6-20）的计算比较复杂，可以应用蒙特卡罗模拟方法进行仿真计算。

6.5　数值算例

6.5.1　确定型阈值情形下可靠性评估算例

假设观测到多阶段可校正系统六个运行阶段的退化数据，如表 6-1 和表 6-2 所示，每个阶段的样本大小 $n_{j}=30$，$j=1$，2，3 每个阶段的运行时间为 2 000 h，每运行 240 h 进行一次校正，即每个阶段校正次数均为 8，校正度 $\lambda^{1}=0.60$，$\lambda^{2}=0.75$ 失效阈值 $a=0.03$ 函数 $g(t)$ 和 $h(t)$ 的表达式为

$$g_{k}(t) = (t - \lambda^{1} t_{k})^{1.2}, h_{k}(t) = (t - \lambda^{2} t_{k})^{1.75}, t \in [t_{k-1}, t_{k}]$$

表 6-1　前三个阶段系统性能退化数据模拟样本

$t^{(1)}$ / 小时	$\mathbf{y}_{1}$	$t^{(2)}$ / 小时	$\mathbf{y}_{2}$	$t^{(3)}$ / 小时	$\mathbf{y}_{3}$
1	−0.000 3	1	−0.000 4	1	0.000 2
61	0.006 0	61	0.005 6	61	0.005 5
121	0.004 7	121	−0.010 0	121	0.009 0
181	0.008 7	181	0.011 3	181	0.0168
241	0.0012	241	−0.000 6	241	−0.001 0
301	−0.004 3	301	0.004 7	301	−0.006 0
361	0.005 0	361	0.008 1	361	−0.010 0
421	0.008 4	421	0.014 2	421	0.013 6
481	−0.001 4	481	−0.001 1	481	0.002 0
541	0.006 0	541	0.004 0	541	0.000 1
601	0.004 8	601	0.010 2	601	0.005 5
661	0.008 7	661	0.013 6	661	0.014 7
721	0.002 2	721	0.001 5	721	0.001 7
781	0.005 0	781	0.007 6	781	0.007 8

续表

$t^{(1)}$ / 小时	y_1	$t^{(2)}$ / 小时	y_2	$t^{(3)}$ / 小时	y_3
841	0.006 3	841	−0.010 0	841	0.011 3
901	0.008 6	901	0.012 4	901	0.029 8
961	0.002 5	961	0.003 0	961	0.002 4
1 021	0.006 4	1 021	0.005 8	1 021	−0.006 3
1 081	0.004 9	1 081	0.010 3	1 081	0.012 4
1 141	0.010 0	1 141	0.013 6	1 141	0.026 6
1 201	0.002 4	1 201	−0.003 1	1 201	0.003 2
1 261	−0.004 9	1 261	0.007 8	1 261	0.011 2
1 321	0.0074	1 321	0.010 6	1 321	0.008 0
1 381	0.009 3	1 381	0.013 9	1 381	0.023 8
1 441	−0.002 8	1 441	0.003 2	1 441	−0.004 0
1 501	−0.003 8	1 501	0.005 9	1 501	0.005 3
1 561	0.007 3	1 561	0.009 4	1 561	0.009 6
1 621	0.009 8	1 621	0.016 1	1 621	0.019 4
1 681	0.009 1	1 681	0.015 1	1 681	−0.017 0
1 741	0.009 0	1 741	0.012 2	17 414	0.015 5

表 6 - 2　后三个阶段系统性能退化数据模拟样本

$t^{(4)}$ / 小时	y_4	$t^{(5)}$ / 小时	y_5	$t^{(6)}$ / 小时	y_6
1	−0.000 3	1	−0.001 0	1	0.001 0
61	0.010 4	61	0.015 3	61	0.008 1
121	0.003 5	121	0.027 1	121	−0.023 9
181	0.013 0	181	0.011 7	181	0.014 1
241	−0.001 3	241	−0.000 7	241	0.000 9
301	0.003 1	301	0.014 1	301	0.006 3
361	0.011 6	361	0.014 9	361	0.024 2
421	0.014 6	421	0.026 0	421	0.011 8
481	0.001 4	481	0.001 8	481	−0.0024
541	−0.011 7	541	0.005 4	541	0.005 6
601	−0.010 0	601	0.015 8	601	0.025 1
661	0.015 4	661	0.034 2	661	−0.014 5
721	−0.005 1	721	−0.001 4	721	0.002 7
781	0.001 4	781	0.0122	781	0.008 5

续表

$t^{(4)}$ / 小时	y_4	$t^{(5)}$ / 小时	y_5	$t^{(6)}$ / 小时	y_6
841	0.012 0	841	0.041 8	841	−0.029 5
901	−0.007 2	901	−0.018 0	901	0.015 8
961	0.001 7	961	0.002 4	961	−0.001 1
1 021	0.008 1	1 021	0.013 8	1 021	−0.010 4
1 081	−0.020 6	1 081	0.018 6	1 081	−0.019 5
1 141	0.0276	1 141	0.021 0	1 141	0.031 8
1 201	−0.002 3	1201	0.002 7	1201	0.003 8
1 261	0.008 6	1 261	0.005 6	1 261	0.011 3
1 321	0.017 4	1321	0.022 7	1 321	0.0164
1 381	0.019 1	1 381	0.0235	1 381	−0.034 6
1 441	−0.0035	1 441	−0.002 9	1 441	−0.004 5
1 501	−0.002 6	1 501	0.014 2	1501	−0.005 5
1 561	0.012 8	1 561	0.0178	1561	0.015 2
1 621	0.012 6	1 621	−0.024 2	1 621	0.048 2
1 681	0.013 5	1 681	0.030 3	1 681	−0.024 2
1 741	−0.015 1	1 741	−0.030 64	1 741	0.025 2

根据公式（6-5）和退化数据直接求得 $\hat{\theta}_1 = 5.656\text{E}-06$，$\hat{\varphi}_1 = 4.167\text{E}-09$。对于阶段 2 至阶段 6，模型 I 和模型 II 中有关参数值如表 6-3 和表 6-4 所示。

表 6-3　模型 I 中 μ_j 和 σ_j^2 计算结果

阶段 j	2	3	4	5	6
μ_j	7.5848E−06	8.7766E−06	7.8911E−06	1.0272E−05	9.8024E−06
σ_j^2	1.7379E−06	6.7456E−07	5.3646E−07	3.2657E−07	2.6930E−07

表 6-4　模型 II 中 α_j 和 β_j 计算结果

阶段 j	2	3	4	5	6
α_j	14	29	44	59	74
β_j	1.1074E−07	1.7758E−07	2.4442E−07	3.1126E−07	3.7810E−07

根据 6.4 节的可靠性评估方法，将有关参数值代入公式中，计算系统各阶段的可靠度值，如图 6-3 至图 6-5 所示。从图中可以看出，采用贝叶斯方法可以明显提高可靠性评估结果的准确性，后一阶段比前一阶段的可靠度更加准确。此外，区别于传统的无校正退化系统，校正行为可明显提高系统的可靠性。校正度越大，校正对系统可靠性的影响越显

著，但随着系统运行时间的增加，系统逐渐老化，校正度对可靠性的影响程度逐渐弱化。

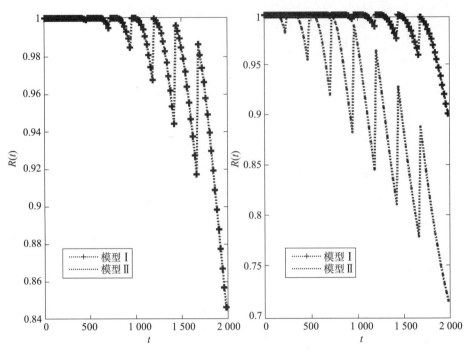

图 6-3　确定型阈值情形下运行阶段 1～2 系统的可靠度（见彩插）

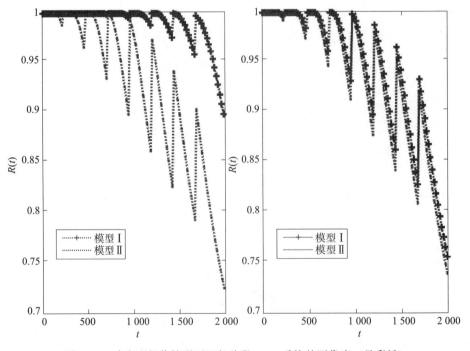

图 6-4　确定型阈值情形下运行阶段 3～4 系统的可靠度（见彩插）

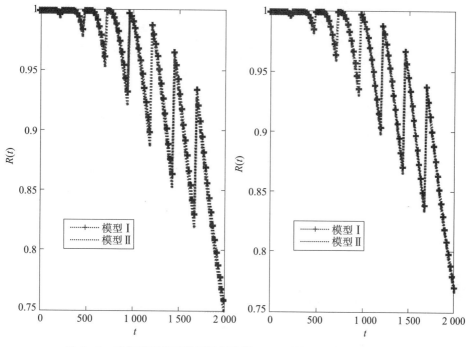

图 6-5　确定型阈值情形下运行阶段 5~6 系统的可靠度（见彩插）

6.5.2　随机型阈值情形下可靠性评估算例

此时，假设收集到的退化数据与表 6-1 相同，其他参数亦与上一节一致，随机阈值 D 服从正态分布，$D \sim N(0.03, 0.02^2)$，由于 6.4 节中给出的表达式难于得到解析解，因此，我们采用仿真方法求解模型 I 和模型 II 中系统各阶段的可靠度，如图 6-6~图 6-8 所示。

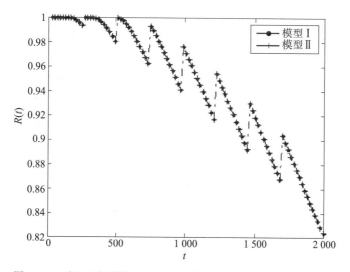

图 6-6　随机型阈值情形下运行阶段 1 系统的可靠度（见彩插）

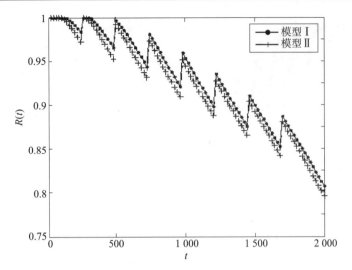

图 6-7　随机型阈值情形下运行阶段 2 系统的可靠度（见彩插）

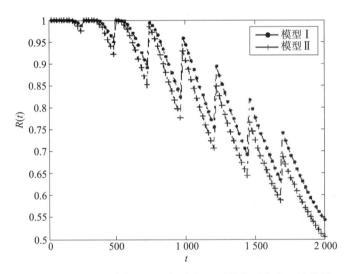

图 6-8　随机型阈值情形下运行阶段 3 系统的可靠度（见彩插）

　　注：以上两个数值算例中，确定型阈值的大小与随机型阈值分布的均值相等（均为 0.03）。比较这两种情形下系统前三个阶段可靠度变化曲线可得出以下结论：在系统运行初期（例如 0 ～ 480 h），确定型阈值情形下系统的可靠度均值比随机阈值情形波动小，这与系统退化过程实际相符，因为在系统运行初期系统的退化量非常小，对于确定型阈值系统失效概率很低，而随机阈值服从均值为 0.03 的均匀分布，阈值发生波动时可能导致退化量大于随机阈值，故确定型阈值情形下系统可靠度波动相对较小；在系统运行后期（例如 1680 ～ 1920 h），确定型阈值情形下系统的可靠度比随机阈值情形波动大，这也与系统退化过程实际相符，因为随着系统逐渐老化，在系统运行后期系统的退化量已较大，对于确定型阈值系统失效概率变大，而随机阈值服从均值为 0.03 的均匀分布，阈值发生波动时可能导致随机阈值大于实际退化量，故随机阈值情形下系统可靠度波动相对较小。

6.6　本章小结

本章聚焦多阶段可校正系统，建立了系统退化过程模型，提出了系统可靠性评估方法，并通过数值算例验证了模型方法的正确性和实用性。首先，针对系统运行过程的多阶段性，从退化数据统计分析的角度构建了系统退化数据模型和过程模型，并假定系统校正行为同时作用于退化量的均值函数 $\mu_k(t)$ 和方差函数 $\sigma_k^2(t)$，根据模型参数特点分别建立了两种不同的多阶段可校正系统退化可靠性模型。其次，采用极大似然估计和贝叶斯方法，对系统运行各阶段下两种退化模型中的参数 θ_j 和 φ_j 进行了估计，并应用共轭先验分布的性质得到了模型参数的后验分布，证明了相关定理和经验结论。最后，分别针对确定型阈值和随机型阈值失效阈值，提出了两种不同情形下多阶段可校正系统可靠性评估方法，并通过数值算例进行了验证和分析。

第7章 竞争失效系统退化建模与可靠性评估方法

在工程实践中，系统往往同时受到外部冲击和内部性能退化的影响而表现为竞争失效。冲击会对系统造成累积损伤效应，导致突发失效（硬失效），一般为不可逆；同时冲击还会对系统本身的性能退化产生影响，造成退化量突增，导致退化失效（软失效），一般可进行校正。随着预测与健康管理技术的快速发展，关键复杂系统通过安装先进的传感设备，可以实时监测系统的振动、温度、压力等技术状态，准确识别冲击时刻及其冲击量值，并进行实时校正，从而弥补外部环境变化带来的负面影响，提升装备的完好性。因此，本章将同时考虑冲击、退化和系统校正行为影响，采用极值冲击过程模型描述冲击造成的冲击失效，采用一般退化过程模型和 Wiener 退化过程模型描述性能参数退化导致的退化失效，在此基础上构建竞争失效退化可靠性模型，并给出相应的可靠性评估方法和案例。

7.1 模型假设

竞争失效系统退化模型的相关假设如下：

1）系统同时受冲击和内部性能退化两种因素影响，系统失效表现为冲击失效和退化失效，是竞争失效系统。

2）冲击过程服从泊松过程，冲击量的大小由冲击间隔时间或者冲击时间决定，定义为两种不同模式，分别记为模式Ⅰ和模式Ⅱ，冲击将导致系统突发失效（硬失效）。

3）退化过程采用一般轨迹退化模型或 Wiener 过程模型描述，当冲击到来时，退化过程的退化增量会发生突变，此时传感器完全可靠且能准确监测到冲击行为，并瞬时完成校正，从而将突变增量控制在一定范围内，即实时校正。因此，系统的总体退化量包含了自身退化量、冲击退化增量和校正量，是一种综合的性能退化量值。

4）硬失效为极值冲击模型，冲击量 H_i 超过阈值 D_S 时系统失效。

5）软失效含有突变增量，整体退化量 $X(t)$ 超过退化阈值 D_X 时系统失效。

6）系统校正效果体现于冲击导致的退化增量的减少，第 i 个冲击的退化量的校正系数 $\kappa_i \in [0, 1]$。

含校正的竞争失效系统冲击过程如图 7-1 所示。

本章相关模型符号及说明如下：

c. d. f.：累积分布函数

p. d. f.：概率密度函数

$\{N(t), t \geqslant 0\}$：泊松过程

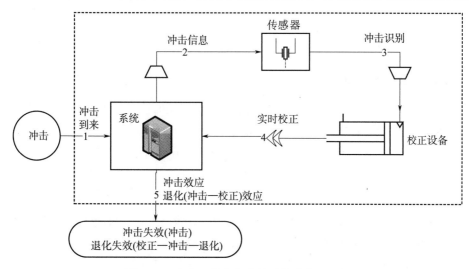

图 7 - 1　含校正的竞争失效系统冲击过程图

T_i：在 $N(t)=n$ 时，第 i 个冲击到达时间，$i=1,2,\cdots,n$，$T_0=0$

Γ_i，$\Gamma_i=T_i-T_{i-1}$：在 $N(t)=n$ 时，第 i 个冲击与第 $(i-1)$ 个冲击之间的间隔时间，$i=1,2,\cdots,n$，$\Gamma_0=0$

λ：齐次泊松过程（HPP）的到达率

$\lambda(t)$：非齐次泊松过程（NHPP）的到达率

H_i：第 i 个冲击的冲击量，$H_0=0$

$H_i \sim N(\mu_{\mathrm{I}}(\tau_i),\sigma_1^2(\tau_i))$：第 i 个冲击的冲击量与 $\Gamma_i=\tau_i$ 相关，定义为模式 I

$H_i \sim N(\mu_{\mathrm{II}}(t_i),\sigma_{\mathrm{II}}^2(t_i))$：第 i 个冲击的冲击量与 $T_i=t_i$ 相关，定位为模式 II

D_X：退化过程的失效阈值

D_S：冲击过程的失效阈值

$Y(t)$：连续时间 t 的系统退化过程的性能退化量

$Y_g(t)$：连续时间 t 的系统一般轨迹退化过程的性能退化量

$Y_g(t) \sim N(g(t),h(t))$，$g(t)$ 和 $h(t)$ 分别是均值函数和方差函数

$Y_w(t)$：连续时间 t 的系统 Wiener 退化过程的性能退化量

$W(t)$：标准布朗运动

$Y_w(t)=a(t)+b(t)W(t)$，$a(t)$ 和 $b(t)$ 分别是漂移系数和扩散系数函数

κ_i：第 i 个冲击的退化量的校正系数

S_i：第 i 个冲击给退化过程带来的退化增量，$S_0=0$

C_i：$=\kappa_i S_i$：第 i 个冲击后的退化校正量，$C_0=0$

V_i：$=S_i-C_i$：第 i 个冲击校正后的剩余退化增量

$X_S(t)$：$=\displaystyle\sum_{i=0}^{N(t)} V_i$：退化过程累积退化增量

$X(t)$：$=Y(t)+X_S(t)$：退化过程实际退化量（含退化增量）

7.2   系统失效模式分析

7.2.1   冲击失效模式分析

根据 7.1 节中的模型假设，冲击量的大小由冲击间隔时间或者冲击时间决定，分别记为模式Ⅰ和模式Ⅱ，如图 7-2 所示，具体如下：

模式Ⅰ：当冲击发生时，假设冲击量 H_i 的大小与冲击间隔时间 τ_i 有关，这时 $H_i \sim N(\mu_{\mathrm{I}}(\tau_i), \sigma_{\mathrm{I}}^2(\tau_i))$ ，即冲击量的大小由距离上一次冲击的时间长度 τ_i 决定，间隔越长冲击量的均值 $\mu_{\mathrm{I}}(\tau_i)$ 越大，间隔越短冲击量的均值 $\mu_{\mathrm{I}}(\tau_i)$ 越小。

模式Ⅱ：冲击量 H_i 的大小与冲击时间 t_i 有关，这时 $H_i \sim N(\mu_{\mathrm{II}}(t_i), \sigma_{\mathrm{II}}^2(t_i))$ ，即冲击量的大小由等待该次冲击到来的时间长度 t_i 决定，比如间隔越长冲击量的均值 $\mu_{\mathrm{II}}(t_i)$ 越大，间隔越短 $\mu_{\mathrm{II}}(t_i)$ 越小。

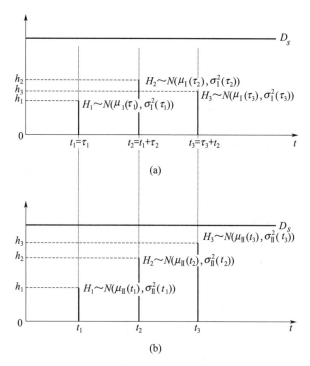

图 7-2   冲击失效（模式Ⅰ和模式Ⅱ）

7.2.2   退化失效模式分析

首先，根据模型假定，当冲击发生时，冲击会对系统性能退化量产生冲击增量；其次，当退化增量发生时，同时进行校正，由于系统整体退化趋势不变，那么我们可以认为校正量的多少不会改变系统退化趋势，只是对退化增量的校正。因此，系统退化的机理仍然是相同的，只是在冲击时刻发生了退化量值的改变，如图 7-3 所示。

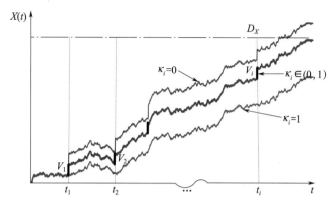

图 7 - 3　冲击—校正—退化失效的退化路径（见彩插）

从图 7 - 3 中可以更为直观地理解冲击—校正—退化失效过程，即在有无校正情况下的系统潜在的退化路径。例如，截止时间 t，系统共发生了 $N(t) = n$ 次冲击，在第 i 个冲击时刻，系统性能退化受到的冲击增量为 S_i，系统实时完成了第 i 次校正，校正量为 C_i，$i = 1, 2, \cdots, N(t)$。此时，系统性能参数退化量的净增量可以记为 $V_i = S_i - C_i = (1 - \kappa_i) S_i$，于是我们可得到系统的实际退化轨迹。

进一步，类似第 5、6 章考虑的校正系数，即当 $\kappa_i = 1$ 时，即第 i 次校正是完全有效的，可以完全抵消冲击造成的退化增量（如图 7 - 3 所示的下方曲线）；当 κ_i 介于 $(0, 1)$ 时，实际的退化路径为图 7 - 3 中的中间曲线所示；当 $\kappa_i = 0$ 时，校正未发挥作用，没能起到对冲击带来的退化增量的抵消作用，如图 7 - 3 中的上方曲线所示。因此，根据校正系数的大小，可以分析计算退化量的增加值。本章给出的是一种通用方法，工程实践中根据具体问题可适时调整。

7.3　冲击失效与退化失效可靠性建模

7.3.1　冲击失效可靠性一般模型

本节将针对模式 I 和模式 II，分析建立冲击失效可靠性的一般模型。在模式 I 中，冲击量与冲击间隔时间有关，系统第 i 次受到的冲击量 H_i 大小是由第 i 次冲击间隔时间 $\Gamma_i = \tau_i$ 决定的；在模式 II 中，冲击量与冲击时间有关，系统第 i 次受到的冲击量 H_i 大小是由第 i 次冲击时间 $T_i = t_i$ 决定的。根据上述假设，分别构建冲击造成的硬失效可靠性模型。

（1）模式 I：冲击量与冲击时间间隔有关

在模式 I 中，截止时刻 t，当 $N(t) = n$ 时，冲击间隔时间 $\Gamma_i = (T_i - T_{i-1})$ 的概率密度函数记为 $f_{\Gamma_i | N(t)}(\tau_i \mid n)$，$i = 1, 2, \cdots, n$。根据前文分析，冲击量 H_i 服从正态分布 $H_i \sim N(\mu_I(\tau_i), \sigma_I^2(\tau_i))$，其均值和方差函数与冲击时间间隔 τ_i 相关，进一步记其分布函数为 $F_H(\bullet, \tau_i)$，$\mu_I(\bullet)$ 和 $\sigma_I^2(\bullet)$ 是时间 τ_i 的函数。不失一般性，可以定义 $\mu_I(\tau_i) = \alpha_1 \tau_i$，$\sigma_I^2(\tau_i) = (\beta_1 \tau_i)^2$，$\alpha_1$ 和 β_1 可以假设为正数。也就是说，当 α_1 是正数时，

冲击量 H_i 均值随冲击时间间隔 τ_i 增加而增加，反之亦然。

根据极值冲击模型，当 $N(t)=n$ 时，系统在经历第 i 次冲击时的可靠度（也就是 $H_i < D_S$ 的概率），记为 $P_{\mathrm{I}}(H_i < D_S \mid N(t)=n)$ ，具体表示为

$$P_{\mathrm{I}}(H_i < D_S \mid N(t)=n) = \int_{\tau_i \in [0,t]} F_H(D_S, \Gamma_i = \tau_i) f_{\Gamma_i \mid N(t)}(\tau_i \mid n) \, \mathrm{d}\tau_i$$

$$= \int_0^t \Phi\big((D_S - \mu_1(\tau_i)) / \sqrt{\sigma_1^2(\tau_i)}\big) f_{\Gamma_i \mid N(t)}(\tau_i \mid n) \, \mathrm{d}\tau_i$$

$$(7-1)$$

其中，$\Phi(x) = 1/\sqrt{2\pi} \int_{-\infty}^x \mathrm{e}^{-z^2/2} \mathrm{d}z$ 。那么，当 $H_0 = 0$ 时，$P_{\mathrm{I}}(H_0 < D_S \mid N(t)=0) = 1$ 自然成立。

（2）模式Ⅱ：冲击量与冲击时间有关

类似的，在模式Ⅱ中，截止时刻 t ，当 $N(t)=n$ 时，冲击时间 T_i 的概率密度函数记为 $f_{T_i \mid N(t)}(t_i \mid n)$ ，$i = 1, 2, \cdots, n$ 。根据模型假设，冲击量 H_i 服从正态分布 $H_i \sim N(\mu_{\mathrm{II}}(t_i), \sigma_{\mathrm{II}}^2(t_i))$ ，其均值和方差函数与冲击时间 t_i 相关，进一步记其分布函数为 $F_H(\bullet, t_i)$ ，$\mu_{\mathrm{II}}(\bullet)$ 和 $\sigma_{\mathrm{II}}^2(\bullet)$ 是时间 t_i 的函数。不失一般性，可以定义 $\mu_{\mathrm{II}}(t_i) = \alpha_2 t_i$ ，$\sigma_{\mathrm{II}}^2(t_i) = (\beta_2 t_i)^2$ ，α_2 和 β_2 可以假设为正数。也就是说，当 α_2 是正数时，冲击量 H_i 均值随冲击时间 t_i 增加而增加，反之亦然。

同样的，根据极值冲击模型，当 $N(t)=n$ 时，系统在经历第 i 次冲击时的可靠度（也就是 $H_i < D_S$ 的概率），记为 $P_{\mathrm{II}}(H_i < D_S \mid N(t)=n)$ ，具体表示为

$$P_{\mathrm{II}}(H_i < D_S \mid N(t)=n) = \int_{t_i \in [0,t]} F_H(D_S, T_i = t_i) f_{T_i \mid N(t)}(t_i \mid n) \, \mathrm{d}t_i$$

$$= \int_0^t \Phi\big((D_S - \mu_{\mathrm{II}}(t_i)) / \sqrt{\sigma_{\mathrm{II}}^2(t_i)}\big) f_{T_i \mid N(t)}(t_i \mid n) \, \mathrm{d}t_i$$

$$(7-2)$$

其中，$P_{\mathrm{II}}(H_0 < D_S \mid N(t)=0) = 1$ 。

因此，在极值冲击模型下，根据上述两种模式的冲击量，可以给出截止 t 时刻系统的突发失效对应的可靠性模型（截止 t 时刻系统，所有 $N(t)$ 次冲击均未超过阈值 D_S ）为

$$R_{h,k}(t) = P_k \big(\bigcap_{i=0}^{N(t)} (H_i < D_S) \big)$$

$$= P(N(t)=0) + \sum_{n=1}^{\infty} P_k \big(\bigcap_{i=1}^n (H_i < D_S \mid N(t)=n) \big) P(N(t)=n)$$

$$= P(N(t)=0) + \sum_{n=1}^{\infty} \big(\prod_{i=1}^n P_k(H_i < D_S \mid N(t)=n) \big) P(N(t)=n), k = \mathrm{I}, \mathrm{II}$$

$$(7-3)$$

其中，对于模式Ⅰ，等式第三行自然成立；对于模式Ⅱ，当冲击量与到达时间相关时也是成立的。

7.3.2　基于泊松过程的冲击失效可靠性建模

7.3.2.1　模式Ⅰ下的冲击建模

在模式Ⅰ下，通过式（7-1）和式（7-3），系统在时刻 t 的冲击失效可靠度记为 $R_{h,\,\mathrm{I}}(t)$，表示为

$$R_{h,\,\mathrm{I}}(t) = P_{\mathrm{I}} \Big(\prod_{i=0}^{N(t)} (H_i < D_S) \Big)$$

$$= P(N(t) = 0) + \sum_{n=1}^{\infty} P(N(t) = n) \prod_{i=1}^{n} \int_0^t \Phi\!\left(\frac{D_S - \mu_{\mathrm{I}}(\tau_i)}{\sigma_{\mathrm{I}}(\tau_i)} \right) f_{\Gamma_i \mid N(t)} (\tau_i \mid n) \, \mathrm{d}\tau_i$$

$$(7-4)$$

1）当冲击过程服从齐次泊松过程时，由于冲击时间相互独立（无记忆性），截止时刻 t，共发生 $N(t) = n$ 次冲击，那么第 i 次冲击间隔时间 Γ_i 的概率密度函数为

$$f_{\Gamma_i \mid N(t)} (\tau_i \mid n) = \frac{n}{t} \left(\frac{t - \tau_i}{t} \right)^{n-1}, \ 1 \leqslant i \leqslant n, \ 0 \leqslant \tau_i \leqslant t \qquad (7-5)$$

根据式（7-1）、式（7-3）、式（7-4）和式（7-5），在极值冲击模式下，冲击过程服从齐次泊松过程，截止时刻 t 的系统冲击失效可靠度函数记为 $R_{h,\,\mathrm{I}}(t)$，表示为

$$R_{h,\,\mathrm{I}}(t) = P_{\mathrm{I}} \Big(\bigcap_{i=0}^{N(t)} (H_i < D_S) \Big)$$

$$= P(N(t) = 0) + \sum_{n=1}^{\infty} P(N(t) = n) \prod_{i=1}^{n} \int_0^t \Phi\!\left(\frac{D_S - \mu_{\mathrm{I}}(\tau_i)}{\sigma_{\mathrm{I}}(\tau_i)} \right) f_{\Gamma_i \mid N(t)} (\tau_i \mid n) \, \mathrm{d}\tau_i$$

2）当冲击过程服从非齐次泊松过程时，假设到达率 $\lambda(t)$ 可测且满足 $\lambda: [0, +\infty) \to [0, +\infty)$，均值函数为 $m(t)$ 且满足 $m: [0, +\infty) \to [0, +\infty)$，$m(t) = \int_0^t \lambda(s)\mathrm{d}s$。截止时刻 t，共发生 $N(t) = n$ 次冲击，那么第 i 次冲击间隔时间 Γ_i 的概率密度函数为

$$f_{\Gamma_i \mid N(t)} (\tau_i \mid n) = \begin{cases} \dfrac{n\lambda(\tau_i)}{m(t)} \left(\dfrac{m(t) - m(\tau_i)}{m(t)} \right)^{n-i}, & i = 1 \\[3mm] \dfrac{n! \left(\int_0^{t-\tau_i} \lambda(y)\lambda(y + \tau_i) m(y)^{i-2} (m(t) - m(y + \tau_i))^{n-i} \mathrm{d}y \right)}{m(t)^n (i-2)! \, (n-i)!}, & 2 \leqslant i \leqslant n \end{cases}$$

$$(7-6)$$

其中，$0 \leqslant \tau_i \leqslant t$，$1 \leqslant i \leqslant n$。

证明：截止时刻 t，非齐次泊松过程的到达时间分别记为 $T_0 = 0$，T_1，T_2，…，T_n。相应的间隔到达时间则记为 $\Gamma_1 = T_1$，$\Gamma_2 = T_2 - T_1$，…，$\Gamma_n = T_n - T_{n-1}$。到达率是已知函数，均值函数 $m(t) = \int_0^t \lambda(u)\mathrm{d}u$ 是在 $(0, t)$ 时间段内的平均冲击次数。$N(t)$ 是 $(0, t)$ 时间段内的冲击次数。那么，在 $(t, t+x)$ 时间段内，有 i 次冲击的概率为

$$P(N(t+x) - N(t) = i) = \frac{(m(t+x) - m(t))^i}{i!} \exp(-(m(t+x) - m(t)))$$

　　首先，截止时刻 t，我们可以得到基于 $N(t)=n$ 次冲击和首次冲击时间 $\Gamma_1 > \tau_1$ 的概率

$$P(\Gamma_1 > \tau_1 \bigcap N(t)=n) = \frac{(m(\tau_1)-m(0))^0}{0!}\exp(-(m(\tau_1)-m(0))) \times$$

$$\frac{(m(t)-m(\tau_1))^n}{n!}\exp(-(m(t)-m(\tau_1)))$$

$$= \frac{(m(t)-m(\tau_1))^n}{n!}\exp(-m(t))$$

其中，$\dfrac{(m(\tau_1)-m(0))^0}{0!}\exp(-(m(\tau_1)-m(0)))$ 是在区间 $(0,\tau_1)$ 未发生冲击的概率，

$\dfrac{(m(t)-m(\tau_1))^n}{n!}\exp(-(m(t)-m(\tau_1)))$ 是在区间 (τ_1,t) 上发生 n 次冲击的概率。由

于 $N(\tau_1-0)$ 和 $N(\tau_1-0)$ 相互独立，这两项概率可以相乘。

　　进而

$$P(\Gamma_1 > \tau_1 \mid N(t)=n) = \frac{P(\Gamma_1 > \tau_1 \bigcap N(t)=n)}{P(N(t)=n)} = \left(\frac{m(t)-m(\tau_1)}{m(t)}\right)^n$$

　　接下来，基于 $N(t)=n$，即对于第 k 次冲击时刻 $t_k \in (y, y+\mathrm{d}y)$ 和 $(k+1)$ 次冲击的
间隔时间 $\Gamma_{k+1} > \tau_{k+1}$ 的概率为

$$P(T_k \in (y, y+\mathrm{d}y) \bigcap \Gamma_{k+1} > \tau_{k+1} \bigcap N(t)=n)$$

$$= \frac{m(y)^{k-1}}{(k-1)!}\exp(-m(y))\lambda(y)\mathrm{d}y \times \exp(-m(y+\tau_{k+1})-m(y))$$

$$\times \frac{(m(t)-m(y+\tau_{k+1}))^{n-k}}{(n-k)!}\exp(-m(t)-m(y+\tau_{k+1}))$$

其中，将时间区间 $(0,t)$ 划分为三个不相交的区间，等式第一项表示第 k 个冲击时间发生
在 $T_k \in (y, y+\mathrm{d}y)$ 区间内，第二项表示在区间 $(y, y+\tau_{k+1})$ 中未发生冲击，最后一项表
示有 $(n-k)$ 次冲击发生在区间 $(y+\tau_{k+1}, t)$ 内。由于区间相互不重叠，所有事件是相互独
立的，概率可以相乘。

　　那么，根据上式可以得到

$$P(\Gamma_{k+1} > \tau_{k+1} \bigcap N(t)=n) = \int_0^{t-\tau_{k+1}} P(T_k \in (y, y+\mathrm{d}y) \bigcap \Gamma_{k+1} > \tau_{k+1}) \bigcap N(t)=n\}$$

其中，对于任意给定 $\tau_{k+1} < t$，$\tau_{k+1}-t$ 一定大于 0，所以该积分上限为 $(t-\tau_{k+1})$。

　　进一步，根据上式，第 $(k+1)$ 次冲击的间隔时间条件概率为

$$P(\Gamma_{k+1} > \tau_{k+1} \mid N(t)=n) = \frac{P(\Gamma_{k+1} > \tau_{k+1} \bigcap N(t)=n)}{P(N(t)=n)}$$

$$= \frac{\int_0^{t-\tau_{k+1}} P(T_k \in (y, y+\mathrm{d}y) \bigcap \Gamma_{k+1} > \tau_{k+1}) \bigcap N(t)=n\}}{\frac{m(t)^n}{n!}\exp(-m(t))}$$

$$= \frac{n!}{m(t)^n(k-1)!\,(n-k)!}\int_0^{t-\tau_{k+1}}\lambda(y)m(y)^{k-1}(m(t)-m(y+\tau_{k+1}))^{n-k}\mathrm{d}y$$

那么，综合上述进一步可得

$$P(\Gamma_{k+1} > \tau_{k+1} \mid N(t) = n) = \begin{cases} \left(\dfrac{m(t) - m(\tau_{k+1})}{m(t)}\right)^n, \ k = 0 \\[3mm] \dfrac{n! \left(\int_0^{t-\tau_{k+1}} \lambda(y) m(y)^{k-1} (m(t) - m(y+\tau_{k+1}))^{n-k} \mathrm{d}y\right)}{m(t)^n (k-1)! (n-k)!}, 1 < k \leqslant (n-1) \end{cases}$$

因此，当非齐次泊松过程到达率 $\lambda(t) = \lambda$ 时，上述公式自然退化为齐次泊松过程的表达式。

所以，在极值冲击模式下，冲击过程服从非齐次泊松过程，截止时刻 t 的系统冲击失效可靠度函数记为 $R_{h,\mathrm{I}}(t)$，表示为

$$P_{\mathrm{I}}\left(\bigcap_{i=0}^{N(t)} (H_i < D_S)\right) = P(N(t) = 0) + P(N(t) = 1)\left(\int_0^t \Phi\left(\frac{D_S - \mu_{\mathrm{I}}(\tau_1)}{\sigma_{\mathrm{I}}(\tau_1)}\right) \frac{\lambda(\tau_1)}{m(t)} \mathrm{d}\tau_1\right)$$

$$+ \sum_{n=2}^{\infty} P(N(t) = n)\left(\left(\int_0^t \Phi\left(\frac{D_S - \mu_1(\tau_1)}{\sigma_1(\tau_1)}\right) \frac{n\lambda(\tau_1)}{m(t)} \left(\frac{m(t) - m(\tau_1)}{m(t)}\right)^{n-1} \mathrm{d}\tau_1\right)\right.$$

$$\times \prod_{i=2}^{n} \left(\int_0^t \Phi\left(\frac{D_S - \mu_1(\tau_i)}{\sigma_{\mathrm{I}}(\tau_i)}\right)\left(\frac{n!}{m(t)^n (i-2)! (n-i)!}\right)\right.$$

$$\left.\left.\times \left(\int_0^{t-\tau_i} \lambda(y)\lambda(y+\tau_i) m(y)^{i-2} (m(t) - m(y+\tau_i))^{n-i} \mathrm{d}y\right) \mathrm{d}\tau_i\right)\right)$$

7.3.2.2　模式Ⅱ下的冲击建模

同样的，参考模式Ⅰ的可靠性建模方法，在模式Ⅱ中，当冲击量 H_i 与冲击时间 T_i 相关时，系统在时刻 t 的冲击失效可靠度记为 $R_{h,\mathrm{II}}(t)$，表示为

$$R_{h,\mathrm{II}}(t) = P_{\mathrm{II}}\left(\bigcap_{i=0}^{N(t)} (H_i < D_S)\right)$$

$$= P(N(t) = 0) + \sum_{n=1}^{\infty} P(N(t) = n) \prod_{i=1}^{n} \int_0^t \Phi\left(\frac{D_S - \mu_{\mathrm{II}}(t_i)}{\sigma_{\mathrm{II}}(t_i)}\right) f_{T_i \mid N(t)}(t_i \mid n) \mathrm{d}t_i$$

$$(7-7)$$

1）当冲击过程服从齐次泊松过程时，截止时刻 t 共发生 $N(t) = n$ 次冲击，那么第 i 次冲击时间 T_i 的概率密度函数为

$$f_{T_i \mid N(t)}(t_i \mid n) = \frac{t_i^{i-1} (t - t_i)^{n-i} n!}{t^n (n-i)! (i-1)!}, \ 1 \leqslant i \leqslant n, \ 0 \leqslant t_i \leqslant t \qquad (7-8)$$

进而，在极值冲击模式下，冲击过程服从齐次泊松过程，截止时刻 t 的系统冲击失效可靠度函数记为 $R_{h,\mathrm{II}}(t)$，表示为

$$P_{\mathrm{II}}\left(\bigcap_{i=0}^{N(t)} (H_i < D_S)\right)$$

$$= P(N(t) = 0) + \sum_{n=1}^{\infty} P(N(t) = n) \prod_{i=1}^{n} \int_0^t \Phi\left(\frac{D_S - \mu_{\mathrm{II}}(t_i)}{\sigma_{\mathrm{II}}(t_i)}\right) \frac{t_i^{i-1} (t - t_i)^{n-i} n!}{t^n (n-i)! (i-1)!} \mathrm{d}t_i$$

$$(7-9)$$

2）当冲击过程服从非齐次泊松过程时，根据 Kuniewski 等[154]、Cocozza - Thivent

等[155]研究结论，截止时刻 t 共发生 $N(t)=n$ 次冲击，那么第 i 次冲击时间 T_i 的概率密度函数为

$$f_{T_i|N(t)}(t_i \mid n) = \frac{n!}{(i-1)!\,(n-i)!} \left(\frac{m(t_i)}{m(t)}\right)^{i-1} \left(1 - \frac{m(t_i)}{m(t)}\right)^{n-i} \frac{\lambda(t_i)}{m(t)} \quad (7-10)$$

其中，$1 \leqslant i \leqslant n$，并且 $0 \leqslant t_i \leqslant t$。

进而，在极值冲击模式下，冲击过程服从非齐次泊松过程，截止时刻 t 的系统冲击失效可靠度函数记为 $R_{h,\text{II}}(t)$，表示为

$$P_{\text{II}}\left(\bigcap_{i=0}^{N(t)}(H_i < D_S)\right) = P(N(t)=0) + \sum_{n=1}^{\infty} P(N(t)=n) \prod_{i=1}^{n} \left(\int_0^t \Phi\left(\frac{D_S - \mu_{\text{II}}(t_i)}{\sigma_{\text{II}}(t_i)}\right)\right.$$

$$\left. \times \left(\frac{n!}{(i-1)!\,(n-i)!} \left(\frac{m(t_i)}{m(t)}\right)^{i-1} \left(1 - \frac{m(t_i)}{m(t)}\right)^{n-i} \frac{\lambda(t_i)}{m(t)}\right) \mathrm{d}t_i\right.$$

实际上，当 $\lambda(t)=\lambda$ 时，不管是模式 I 还是模式 II，非齐次泊松过程的研究结果均将退化为齐次泊松过程。

7.3.3　退化失效可靠性建模

7.2.2 节分析了含校正的冲击—退化失效模式，本节将在此基础上构建涵盖退化、冲击增量和校正的可靠性模型。对于第 i 次冲击，冲击造成的退化增量 S_i 是正态分布，记为 $S_i \sim N(\mu_i, \sigma_i^2)$，$\{\mu_i\}$ 和 $\{\sigma_i^2\}$ 分别是已知的均值和方差序列。通过第 i 次校正，剩余的冲击退化量为 V_i。因此，系统受到 $N(t)$ 冲击效应和 $N(t)$ 次校正后，系统的累积冲击—校正后的退化增量为 $X_S(t)$，表示为

$$X_S(t) = \begin{cases} 0, & N(t)=0 \\ \sum_{i=1}^{N(t)} V_i = \sum_{i=1}^{N(t)} (S_i - C_i), & N(t)>0 \end{cases} \quad (7-11)$$

假设定义 $Y_g(t)$ 为系统自身退化量，可以用基于分布函数的退化模型（退化轨迹模型）描述［或者定义 $Y_w(t)$ 为系统自身退化量，退化量服从 Wiener 过程］。更具体的，在一般轨迹模型和 Wiener 过程模型下，退化模型的整体退化量可以表示为 $X(t)$（轨迹模型用 $X_g(t)$ 表示，Wiener 过程模型用 $X_w(t)$ 表示）。$X(t)$ 包含了自身退化量 $Y(t)$［退化轨迹模型退化量 $Y_g(t)$，Wiener 过程模型退化量 $Y_w(t)$］和外部累积冲击—校正退化增量 $X_S(t)$。

所以，一般轨迹模型的整体退化量 $X_g(t)$ 可以表示为

$$X_g(t) = Y_g(t) + X_S(t) = Y_g(t) + \sum_{i=0}^{N(t)} V_i = (g(t)+\varepsilon) + \sum_{i=0}^{N(t)} (1-\kappa_i)S_i \quad (7-12)$$

其中，可以用 ε 表示随机变量，服从正态分布，记为 $\varepsilon \sim N(0, h(t))$，这与 $X_g(t)$ 服从正态分布 $X_g(t) \sim N(g(t), h(t))$ 是一致的。

那么，截止时间 t，系统退化失效情形下，一般轨迹模型的可靠度函数可以表示为

$$R_S(t) = P(X_g(t) < D_X) = P\left(g(t)+\varepsilon+\sum_{i=0}^{N(t)}(1-\kappa_i)S_i < D_X\right) \quad (7-13)$$

同样的，在 Wiener 过程模型下，截止时间 t，系统的整体退化量 $X_w(t)$ 可以表示为

$$X_w(t) = Y_w(t) + X_s(t) = Y_w(t) + \sum_{i=0}^{N(t)} V_i = a(t) + b(t)W(t) + \sum_{i=0}^{N(t)} (1 - \kappa_i)S_i$$

$$(7-14)$$

其中，$Y_w(t) + X_S(t) = Y_w(t) + \sum_{i=0}^{N(t)} V_i = a(t) + b(t)W(t) + \sum_{i=0}^{N(t)} (1 - \kappa_i)S_i$ 是冲击—校正后含跳跃的 Wiener 过程。特别的，当 $\kappa_i = 1$ 时，该模型即是传统的 Wiener 过程模型。

同样的，在 Wiener 过程模型下，截止时间 t，系统退化失效情形下的 Wiener 过程模型的整体退化量 $X_w(t)$ 可以表示为

$$R_S(t) = P(T_d = \inf(s \geqslant 0 : X_w(s) = D_X \mid X_w(0) = x_w) \geqslant t) \qquad (7-15)$$

其中，$X_w(0) = x_w$ 为模型初始退化量。

7.4　竞争失效系统退化可靠性建模与评估方法

通过上述研究，可以分析基于突发失效和退化失效的竞争失效模型，即截止时间 t，系统在冲击量 H_i 超过冲击阈值 D_S 时，或者系统退化量 $X(t)$ 超过退化阈值 D_X 时系统失效。

7.4.1　基于一般轨迹模型的竞争失效可靠性建模与评估方法

在一般退化轨迹模型下，通过式（7-3）和式（7-11）可知，系统的可靠性模型为

$$
\begin{aligned}
R_{g,k}(t) &= P\Big(X_g(t) < D_X, \bigcap_{i=0}^{N(t)} (H_i < D_S)\Big) \\
&= \sum_{n=0}^{\infty} \Big(P\big(X(t) < D_X, \bigcap_{i=0}^{n} (H_i < D_S) \mid N(t) = n\big)\Big) P(N(t) = n) \\
&= \sum_{n=1}^{\infty} \Big(P(N(t) = n) P\big(Y_g(t) + \sum_{i=1}^{n}(1 - \kappa_i)S_i < D_X \mid N(t) = n\big) \prod_{i=1}^{n} P_k(H_i < D_S \mid N(t) = n)\Big) \\
&\quad + P(Y_g(t) < D_X \mid N(t) = 0) P(N(t) = 0), k = \mathrm{I}, \mathrm{II}
\end{aligned}
$$

$$(7-16)$$

更为具体的，在模式 I 下，即冲击过程服从齐次泊松过程，通过式（7-3）、式（7-4）、式（7-12）～式（7-14）可知，在模式 I 的系统可靠度函数 $R_{g,1}(t)$ 为

$$
\begin{aligned}
R_{g,\mathrm{I}}(t) = {} & \Phi\left(\frac{D_X - g(t)}{\sqrt{h(t)}}\right)\exp(-\lambda t) + \sum_{n=1}^{\infty}\left(\frac{\exp(-\lambda t)(\lambda t)^n}{n!}\Phi\left(\frac{D_X - \big(g(t) + \sum_{i=1}^{n}(1 - \kappa_i)\mu_i\big)}{\sqrt{h(t) + \sum_{i=1}^{n}(1 - \kappa_i)^2 \sigma_i^2}}\right)\right. \\
& \left. \times \left(\int_0^t \Phi\left(\frac{D_S - \mu_{\mathrm{I}}(\tau_i)}{\sigma_{\mathrm{I}}(\tau_i)}\right) f_{\Gamma_i \mid N(t)}(\tau_i \mid n)\,\mathrm{d}\tau_i\right)^n\right)
\end{aligned}
$$

$$(7-17)$$

其中，当冲击量的均值函数和方差函数是已知时，该可靠度函数能够得到解析表达，比如 $\mu_{\mathrm{I}}(\tau_i) = \alpha_1 \tau_i$，$\sigma_{\mathrm{I}}^2(\tau_i) = (\beta_1 \tau_i)^2$，$g(t) = \alpha t$，$h(t) = (\beta t)^2$。

同样的，在模式Ⅰ中，即当冲击过程服从非齐次泊松过程时，冲击到达率为 $\lambda(t)$，系统的可靠度函数也可以得到。比如，当 $\lambda(t)=ct$ 时，通过式（7-6）可以得到条件概率密度函数 $f_{\Gamma_i|N(t)}(\tau_i\mid n)\,\mathrm{d}\tau_i$ 为

$$f_{\Gamma_i|N(t)}(\tau_i\mid n)=\begin{cases}\dfrac{2n\tau_i}{t^2}\left(\dfrac{t^2-\tau_i^2}{t^2}\right)^{n-i},&i=1,\\[4mm]\dfrac{4n!\displaystyle\int_0^{t-\tau_i}y(y+\tau_i)y^{2(i-2)}(t^2-(y+\tau_i)^2)^{n-i}\mathrm{d}y)}{m(t)^n(i-2)!(n-i)!},&2\leqslant i\leqslant n\end{cases}$$

$$(7-18)$$

因此，把式（7-18）代入式（7-17），即可以得到模式Ⅰ中非齐次泊松过程的冲击到达下的可靠度函数表达式。

同理，对于模式Ⅱ，当冲击过程服从齐次泊松过程时，通过式（7-3）、式（7-7）、式（7-8）、式（7-12）～式（7-14），我们可以得到系统的可靠度函数 $R_{g,\mathrm{Ⅱ}}(t)$ 为

$$R_{g,\mathrm{Ⅱ}}(t)=\Phi\left(\frac{D_X-g(t)}{\sqrt{h(t)}}\right)\exp(-\lambda t)+\sum_{n=1}^{\infty}\left(\frac{\exp(-\lambda t)(\lambda t)^n}{n!}\Phi\left(\frac{D_X-\left(g(t)+\sum_{i=1}^n(1-\kappa_i)\mu_i\right)}{\sqrt{h(t)+\sum_{i=1}^n(1-\kappa_i)^2\sigma_i^2}}\right)\right.$$

$$\times\prod_{i=1}^n\int_0^t\Phi\left(\frac{D_S-\mu_{\mathrm{Ⅱ}}(t_i)}{\sigma_{\mathrm{Ⅱ}}(t_i)}\right)f_{T_i|N(t)}(t_i\mid n)\,\mathrm{d}t_i\right)$$

$$(7-19)$$

其中，当均值函数和方差函数给定时，$f_{\Gamma_i|N(t)}(\tau_i\mid n)$ 也是确定的，那么系统的可靠度函数可以计算得到，比如，$\mu_{\mathrm{Ⅱ}}(t_i)=\alpha_2 t_i$ 和 $\sigma_{\mathrm{Ⅱ}}^2(t_i)=(\beta_2 t_i)^2$。

除此之外，当冲击过程服从非齐次泊松过程时，也就是冲击到达率为 $\lambda(t)$ 时，系统的可靠度函数也能够得到。比如，当 $\lambda(t)=ct$，通过式（7-10）可以得到概率密度函数 $f_{T_i|N(t)}(t_i\mid n)\,\mathrm{d}t_i$，进而通过式（7-19）得到模式Ⅱ下的系统可靠度函数。因此，当 $\lambda(t)=\lambda$ 时，非齐次泊松过程退化为齐次泊松过程，我们可以专注研究非齐次泊松过程的可靠性建模。

由于该模型的建立具有一般性，在工程实践中，可以根据实际情况调整相关参数，比如 $g_i(t)$ 和 $h_i(t)$ 等，此处不再赘述。

7.4.2 基于 Wiener 过程模型的竞争失效可靠性建模与评估方法

目前，根据 Wiener 过程的特性，含跳跃首达时的分布函数难以给出解析形式，本部分的可靠性建模，主要考虑给出系统可靠度函数的形式

$$R_w(t)=P\left\{T_c=\min\left\{T_d=\inf\left(a(t)+b(t)W(t)+\sum_{i=1}^{N(t)}(1-\kappa_i)S_i=D_X\mid X_w(0)=x_w\right)\right.\right.$$

$$\{T_{sc}=\min(t_i,H_i<D_S,i=1,2,\cdots,N(t))\}\}\geqslant t\}$$

$$(7-20)$$

为计算上述模型的可靠度，尝试采用仿真评估方法，以下给出基于 Wiener 过程模型的竞争失效可靠度的求解方法。

　　基于模型假设，以下分别针对模式 I 和模式 II，模拟给出系统的可靠度仿真评估流程。首先，定义仿真模拟的时间区间 $[0, T_s]$，即通过欧拉离散方法（Euler discretization）给出离散尺度为 l 的离散 Wiener 过程模拟值，其中 T_s 是系统的模拟运行时间；其次，考虑模拟第 i 个冲击间隔时间区间 $[t_{i-1}, t_i)$，在该区间内，随机过程 $x(t)$ 是开始于一个带有跳跃（冲击增量）的 Wiener 过程，其中漂移系数为 $a(t)$，扩散系数为 $b(t)$，初始值为 $x(t_{i-1})$，$x(t_0) = X_w(0) = x_w$ 并且 $i \in \mathbb{N}^+$；那么，通过 Wiener 过程的模拟方法针对区间 $[t_{i-1}, t_i)$ 进行随机数的模拟；最后，通过多次模拟，同时完成冲击过程带来冲击量的模拟，根据阈值，对比冲击量和退化量，给出系统的竞争失效时间。

　　以下是具体的仿真模拟流程：

- -

仿真流程开始

　　步骤 1：从步骤 1 到步骤 5 开始蒙特卡罗仿真模拟，记 $\bowtie$ 从 1 到 N（模拟次数）。

　　步骤 2：通过产生冲击间隔时间 $\tau_i = t_i - t_{i-1}$，获取冲击达到时间 t_i，产生冲击间隔时间的方式由冲击过程（HPP、NHPP）决定，主要有以下两种形式：

　　1）在齐次泊松过程中，从起始时刻 $t_0 = 0$，根据指数分布产生冲击间隔到达时间；当 $\tau_i < T_s$ 时，通过产生 M 个冲击间隔时间，判断 $\sum\limits_{i=1}^{M} \tau_i \geqslant T_s$ 时停止；

　　2）在非齐次泊松过程中，从起始时刻 $t_0 = 0$，根据指数分布 $F(\tau_i) = 1 - \exp(-m(t_{i-1} + \tau_i) + m(t_{i-1}))$ 产生冲击间隔到达时间；当 $\tau_i < T_s$ 时，通过产生 M 个冲击间隔时间，判断 $\sum\limits_{i=1}^{M} \tau_i \geqslant T_s$ 时停止。

　　步骤 3：从冲击到达时刻 $i = 1$ 开始到第 M 个冲击到达时刻，分别模拟产生第 $(i-1)$ 个冲击时刻和第 i 个冲击时刻之间的退化量，使其时间范围界定于 $[0, T_s]$ 之内：

　　1）首先，结合上一个区间 $[t_{i-1}, t_i)$ 的右端点退化量 $x(t_i^-)$ 和冲击增量、校正量，模拟产生下一个冲击区间 $[t_i, t_{i+1})$ 的起始点的退化量 $x(t_i) = x(t_i^-) + a(t)dt + b(t)\sqrt{dt}\varepsilon + (1 - \kappa_i)\eta_i$，其中，$\varepsilon \sim N(0, 1)$，$\eta_i \sim N(\mu_i, \sigma_i^2)$，$x(t_0) = x(0)$。

　　2）其次，模拟产生冲击过程冲击量 H_i 的大小，模式 I 下的冲击量即为

$$H_i \sim N(\mu_1(\tau_i), \sigma_1^2(\tau_i)), \quad H_0 = 0$$

　　3）给定离散尺度为 l，根据起始点 $x(t_{i-1})$ 产生区间 $[t_{i-1}, t_i)$ 的 Wiener 过程：

　　如果冲击量 $H_{i-1} \geqslant D_S$ 或者存在某个时刻点 t_w 的退化量首次满足 $x(t) \geqslant D_X$，那么就会得到失效时间 t_i 或者 t_w，标记为 $t_{f, \bowtie}$。进而结束该循环，返回步骤 2 和 3 重新开始仿真模拟；

　　否则，对于 $H_{i-1} < D_S$ 且在区间 $[t_{i-1}, t_i)$ 内满足 $x(t) < D_X$，则继续完成步骤 3 中的 1）、2）、3）；

　　4）另一种情形是在 $[0, T_s]$ 内未发生失效（记 $t_w, t_h > T_s$），那么可以记 $t_{f, \bowtie} := T_s$。

步骤 4：通过步骤 3 的仿真分析，能够得到一次循环仿真流程中的系统失效时间 $t_{f,\circledS}=\min\{t_w, t_h, T_s\}$，那么可以定义系统的无故障运行时间区间为 $[0, t_{f,\circledS}]$。接下来进行另一个循环，重复步骤 2～4。

步骤 5：当循环次数 $\circledS=N$ 时，则完成了 N 次循环仿真模拟，得到系统的 N 个模拟失效时间数据，进而根据经验分布函数得到系统的模拟可靠度 $\hat{R}_{w,\mathrm{I}}(t) = \sum_{\circledS=1}^{N} I \cdot \{t \leqslant t_{f,\circledS}]/N$。

仿真模拟结束

此外，根据模式Ⅱ下冲击量的大小，在步骤 2 中用冲击时间 t_i 模拟产生冲击量 $H_i \sim N(\mu_{\mathrm{II}}(t_i), \sigma_{\mathrm{II}}^2(t_i))$，进而可以得到系统的可靠度 $\hat{R}_{w,\mathrm{II}}(t)$。因此，通过上述仿真模拟流程可以得到系统的可靠度，包括齐次泊松过程和非齐次泊松过程等情形。此外还有诸多的仿真分析方法可以借鉴使用，比如 Cocozza - Thivent [155]，Lee 等[156]，Ogata [157]，Lewis 和 Shedler [158-159]等学者提出的方法，此处不再赘述。

根据上述研究内容，我们还可以开展一些其他研究，比如分析剩余使用寿命 $MRL(t) = \int_t^\infty R(x \mid t)\mathrm{d}x = \int_t^\infty R(x)\mathrm{d}x / R(t)$ 以及系统寿命的矩估计等。此外，还可以考虑连续冲击模型、累积冲击模型以及 δ 冲击模型下的可靠性建模问题，目前这些模型的研究复杂程度不同，有些易于开展研究，有些仍然需要借助仿真模拟的手段进行近似求解。

7.5　数值算例

因此，根据 Peng 等[153-154]、Tanner 和 Dugger[161]以及 Rafiee 等[162]研究文献，结合工程实际和理论假设，我们给出模型的可靠度评估结果。

7.5.1　典型案例

为简单起见，在以往研究者考虑关于微引擎（micro - engine）的典型可靠性评估问题的基础上，结合我们提出的模型和方法进一步评估分析。该产品经历冲击和退化两种失效情形，假设考虑到其退化过程的可校正性，我们采用本研究提出的模型进行可靠性建模和评估工作，表 7 - 1 是模型参数及其设置值。

表 7 - 1　模型参数及其设置值

模型参数	模型参数估计值	数据来源
D_X	1.25E－3 μm^3	Tanner 和 Dugger[161]
D_S	1.5 GPa	Tanner 和 Dugger[161]
α	8.482 3 E－9 μm^3	Tanner 和 Dugger[161]
β	6.001 6 E－10 μm^3	Tanner 和 Dugger[161]

续表

模型参数	模型参数估计值	数据来源
λ	2.5E−5	Tanner 和 Dugger[161]
μ_i	1E−4 μm^3	Peng 等[154]
σ_i	2E−5 μm^3	Peng 等[154]
α_1	1E−5 GPa	设定
β_1	1E−6 GPa	设定
α_2	1E−5 GPa	设定
β_2	1E−6 GPa	设定
κ_i	$\kappa_i = 0, 1/i, (i-1)/i, 1$	设定

考虑一般轨迹模型下的竞争失效情形时，假设 $g(t) = \alpha t$ 和 $h(t) = (\beta t)^2$，冲击过程及冲击量相关的参数设置见表 7−1。根据表 7−1 的参数分析和可靠性模型，$Y_g(t)$ 是服从正态分布的，且任意时刻 $Y_g(t) \sim N(8.4823\text{E}−9t, (6.0016\text{E}−10t)^2)$。此外，在本案例中假设冲击退化增量的均值是固定的，冲击增量 $S_i \sim N(1\text{E}−4, (2\text{E}−5)^2)$。在模式 I 中，针对 7.4.1 节中的模型，可知条件分布概率密度函数为 $f_{\Gamma_i|N(t)}(\tau_i \mid n) = n/t ((t-\tau_i)/t)^{n-1}$，$\mu_1(\tau_i) = \alpha_1 \tau_i$，$\sigma_1^2(\tau_i) = (\beta_1 \tau_i)^2$。可以定义校正系数 κ_i，比如 $\kappa_i = 0, (i-1)/i, 1$。通过以上参数设置和模型构建，给出可靠性评估结果，如图 7−4（a）所示。

同时，进行了拓展分析，根据模式 II 和式（7−19），假设 $\alpha_2 = \alpha_1$、$\beta_2 = \beta_1$，其他参数如表 7−1 所示，在校正系数 $\kappa_i = 0, (i-1)/i, 1$ 时，系统的可靠度如图 7−4（b）所示。通过模式 II 和模式 I 的对比，在相同参数设置下，显然模式 II 的冲击量要高于模式 I 的冲击量，这在图 7−4（a）和图 7−4（b）中有直接的显示。此外，为了对比分析，研究还给出 $\alpha_1 = 2\text{E}−5$ 时的可靠性分析结果，详见图 7−4（a）和图 7−4（b）。

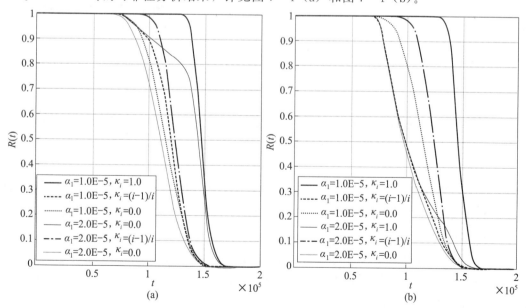

图 7−4　齐次泊松过程下系统可靠度评估结果［模式 I（a）和模式 II（b）］（见彩插）

　　从图 7-4 中的可靠性结果分析发现，由于校正的存在，经过校正的系统的可靠度比未校正的系统的可靠度要高，并且在运行时间内能够保持较高的可靠度，这说明实时校正具有意义。同时，可靠度在校正系数 $\kappa_i = (i-1)/i$ 时要高于校正系数 $\kappa_i = 1/i$ 时的可靠度，这说明校正程度越高，系统的可靠度越高。

　　为了给出灵敏度分析，根据 7.4.1 节中的模型，图 7-5 给出齐次泊松过程下不同到达率和失效阈值的可靠性分析结果，其中 $\kappa_i = 1/i$。

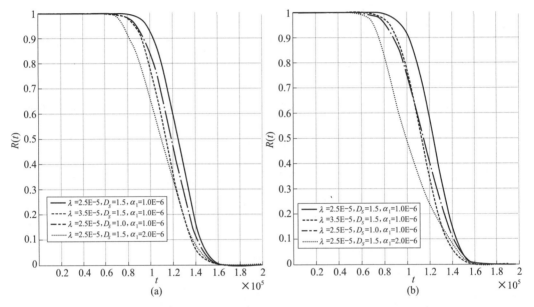

图 7-5　齐次泊松过程下不同到达率和失效阈值的可靠性分析结果［模式Ⅰ（a）和模式Ⅱ（b）］（见彩插）

　　更进一步，分别考虑模式Ⅰ和模式Ⅱ的系统可靠度，假设非齐次泊松过程到达率 $\lambda(t)$ 是增函数，这里 $\lambda(t) = 2.5\mathrm{E}-10t$，其他参数设置如表 7-1 所示，那么可以得到条件概率密度函数 $f_{\Gamma_i \mid N(t)}(\tau \mid n)\mathrm{d}\tau$，通过相关模型可以计算得到系统的可靠度，如图 7-6 所示，其中 $\kappa_i = 0, 1/i, 1$。

7.5.2　仿真分析

　　针对 Wiener 过程退化模型，采用仿真分析方法给出 7.4.2 节中模型的可靠度结果。假设冲击过程服从齐次泊松过程，$D_X = 30$，$D_S = 3.5$，$\mu_i = 2.0$，$\sigma_i = 1.0$，$a(t) = 0.9t$，$b(t) = 0.3t$，$\lambda = 5$，$\alpha_1 = 0.3$，$\beta_1 = 0.03$，$X_w(0) = x_w = 0$，$l = 0.001$。根据 7.3 节提出的仿真模拟流程，进行 10 000 次循环仿真，可以得到模式Ⅰ和Ⅱ下，系统的相关分析结果，图 7-7 和图 7-8 为不同参数下的系统失效时间的经验概率密度函数和可靠度模拟结果。同样的，针对非齐次泊松过程，假设 $\alpha_2 = \alpha_1$，$\beta_2 = \beta_1$，$\lambda(t) = 8\mathrm{E}-3t$。根据 7.4 节提出的仿真模拟流程，进行 10 000 次循环仿真，可以得到模式Ⅱ下，系统的相关分析结果，图 7-9 和图 7-10 为不同参数下的系统失效时间的经验概率密度函数和可靠度模拟结果。

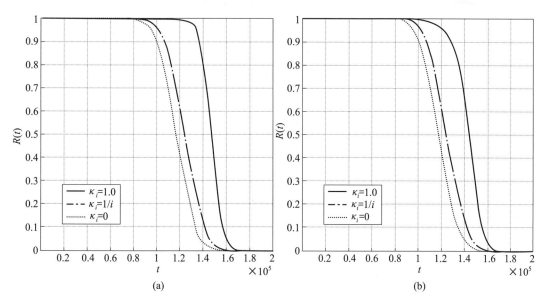

图 7-6　非齐次泊松过程下系统可靠度分析结果［模式Ⅰ（a）和模式Ⅱ（b）］（见彩插）

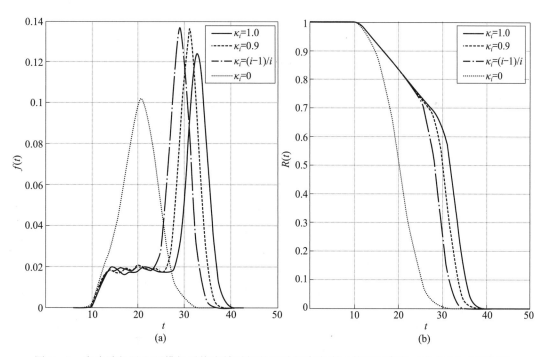

图 7-7　齐次泊松过程下模拟系统失效时间的经验概率密度函数和可靠度（模式Ⅰ）（见彩插）

此外，从图 7-7 和图 7-8 中可以看出，系统的校正对系统可靠度的提升发挥较大作用。对比模式Ⅰ和模式Ⅱ的可靠度分析结果，虽然参数设置相同，但是此时冲击失效起到了主导作用，主要体现在当 $\alpha_1 = \alpha_2$ 时，$\alpha_2 \Gamma_i$ 随机大于 $\alpha_1 T_i$。

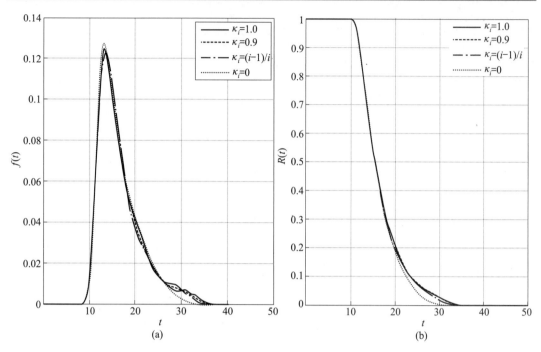

图 7 - 8　齐次泊松过程下模拟系统失效时间的经验概率密度函数和可靠度（模式 Ⅱ）（见彩插）

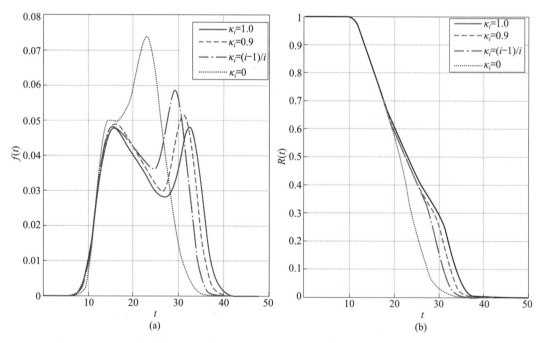

图 7 - 9　非齐次泊松过程下模拟系统失效时间的经验概率密度函数和可靠度（模式 Ⅰ）（见彩插）

所以从图 7 - 7～图 7 - 10 中可以看出，校正对于系统的可靠度有着重要作用，如果系统可以在传感器等先进设备的辅助下进行实时监测和维修，那么将在很大程度上改善系统的健康状态，提升可靠性。特别的，通过仿真模拟的方法可得到系统在用 Wiener 过程刻

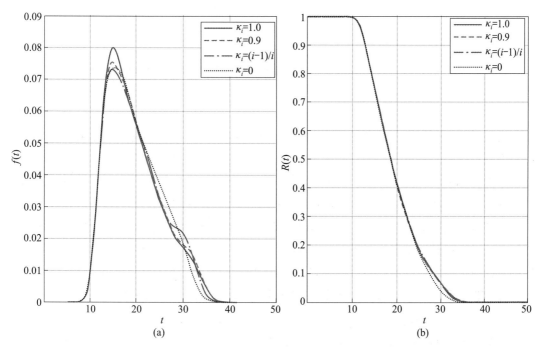

图 7 - 10　非齐次泊松过程下模拟系统失效时间的经验概率密度函数和可靠度（模式Ⅱ）（见彩插）

画退化过程时的模拟可靠度结果，比如根据冲击到达率 $\lambda(t)$ 及失效阈值等因素，可以发现系统的失效率存在两个快速增加的阶段（图 7 - 7 和图 7 - 9 的经验概率密度函数曲线存在两个波峰）；大量仿真模拟后发现，突发失效或者退化失效的发生概率存在明显差异时，经验概率密度函数曲线不存在波峰；通过模拟数据或者采集数据，可以为突发失效或者退化失效的预防性研究指明方向。根据图 7 - 8 的可靠性评估结果对比分析，我们发现由于突发失效常常发生在退化失效之前，校正作用有限，所以可靠度都很接近。

　　该仿真没有再进行其他情形的模拟分析，理论上可以根据实际需要，模拟其他类似系统在不同模型参数下的系统失效时间，这里不再赘述，只是提供了一种研究思路。而且，从系统安全性和可靠性的角度分析，校正等预防性维修工作是十分必要的，而且有时会起到决定性作用。因此，为了避免系统后期退化的不可校正或者维修情形的发生，我们可以在系统退化的早中期安排校正和维修工作。

7.6　本章小结

　　本章提出的基于实时冲击—校正—退化的竞争失效可靠性模型，既考虑了外部冲击导致的系统突发失效（硬失效），又考虑了冲击对系统本身造成退化增量，以及实时校正行为影响下退化失效（软失效），分别针对两种不同的冲击失效模式，基于一般轨迹模型和 Wiener 过程建立了竞争失效系统可靠性模型，并给出了一般模型表达式和仿真评估方法，具有一定的工程意义、理论价值和应用前景。

第8章　系统退化可靠性评估的敏感性分析

敏感性分析是系统建模的重要环节之一，通过敏感性分析可以洞察模型结构本质、获取模型输入变量对输出结果的影响程度，促进模型不断改进完善以更加符合工程实际。由于敏感性分析在运筹决策等管理工程问题建模中应用最为广泛，因此相关文献较多。Filippi[138]对线性规划中的敏感性问题进行了总结，Borgonovo 和 Plischke[139]对敏感性分析的最新研究进展进行了全面综述，并将其划分为局部敏感性分析和全局敏感性分析两类方法。局部敏感性分析聚焦模型输入空间中感兴趣的某个点，在确定性框架下开展研究，即不考虑模型输入参数的概率分布情形，常用方法有 OAT、龙卷风图、一步敏感性函数、情景分解、微分求解和筛选等方法。全局敏感性分析假设模型输入服从某一概率分布，常用方法有线性回归、方差分析、不变量转换和蒙特卡罗滤波等方法。

当前，有关可靠性评估敏感性分析的研究大多聚焦于部件重要度问题研究。Birnbaum[140]首次提出了可靠性重要度概念，Fussell[141]提出了割集重要度概念，Aven 和 Nøkland[142]对可靠性和风险评估中的不确定重要度的应用问题进行了系统性综述。鉴于敏感性分析对系统退化建模的重要价值，必须进一步深化可靠性评估的敏感性分析研究，特别是模型参数对可靠度的影响规律和影响程度，进而为退化模型的改进完善和系统可靠性的提升提供理论基础和决策依据。本章将以第 5 章建立的单阶段可校正系统退化模型为例，采用 OAT 方法分别对校正度、漂移参数 c、初始退化量和扩散系数 σ 的敏感性进行分析，然后考虑输入参数服从不同的概率分布，以系统退化量初始值为例，研究系统退化可靠性评估的敏感性。

8.1　基于 OAT 的退化可靠性评估敏感性分析

从国内外现状和相关文献分析可知，敏感性分析的方法很多，其中最为简单和常用的方法是 OAT 方法，即每次仅改变模型输入中一个变量以观察模型输出结果的分析方法[139]。该方法非常直接，一般先假定一个基准向量 $\boldsymbol{x}^0$，考虑输入变量 $\boldsymbol{x}^+$，相应的模型输入变化向量 $\Delta^+ \boldsymbol{x} = \boldsymbol{x}^+ - \boldsymbol{x}^0 = (\Delta^+ x_1, \Delta^+ x_2, \cdots, \Delta^+ x_n)$。于是，定义模型输出 $y = g(\boldsymbol{x})$ 每次改变一个输入变量即可计算输出结果的敏感度大小为

$$\Delta_i^+ y = g(x_i + \Delta^+ x_i, x_{\sim i}^0) - g(\boldsymbol{x}^0) \tag{8-1}$$

其中，$(x_i + \Delta^+ x_i, x_{\sim i}^0)$ 表示仅改变了 $\boldsymbol{x}^0$ 中 x_i 的值，其他变量保持不变。

显然，OAT 方法既可以分析模型输出结果的变化趋势，也可以对敏感度进行量化。但是，该方法忽略了模型变量之间的相互作用关系，不能清楚地表达所有变量对输出结果

的共同效应。为此，学者研究提出了很多其他的敏感性分析方法，如场景情景分解、微分求解以及考虑模型概率分布的全局敏感性分析方法。下面将以第 5 章建立的单阶段可校正系统退化模型为例，研究模型参数的敏感性问题。

根据 5.1 节，系统性能退化量

$$X(t) = \mu(t) + \sigma W(t)，\mu(t) = ct + x$$

校正度 θ 对 $\mu(t)$ 的影响规律为

$$\begin{cases} \mu_n(t) = \mu_{n-1}(t) - \theta_n \left[\mu_{n-1} \left(\sum_{i=1}^{n} d_i \right) - x \right] \\ \mu_0(t) = \mu(t) \end{cases}$$

假定校正周期和退化阈值保持不变，$d_i = d = 2$，$a = 4$，采用 OAT 方法，考虑模型中的四个变量，即 $\boldsymbol{x} = (\theta, c, x, \sigma)$ 设定基准向量 $\boldsymbol{x}^0 = (0.5, 2, 1, 1)$，$\Delta^+ \boldsymbol{x} = \boldsymbol{x}^+ - \boldsymbol{x}^0 = (\Delta^+ \theta, \Delta^+ c, \Delta^+ x, \Delta^+ \sigma)$。以下将考虑 $\Delta^+ \boldsymbol{x}$ 的不同波动幅度，分析各个参数对系统可靠性评估结果的敏感性。

8.1.1　校正度 θ 的敏感性分析

分别令 $\Delta^+ = 20\%$ 和 $\Delta^+ = 40\%$ 则 $\boldsymbol{x}^+ = (0.6, 2.4, 1.2, 1.2)$ 和 $\boldsymbol{x}^+ = (0.7, 2.8, 1.4, 1.4)$ 根据式 $(8-1)$ 只改变校正度 θ 的取值，即分别令 $\theta_1 = 0.6$，$\theta_2 = 0.7$，应用定理 5.3，将以上数值代入公式，可得

$$\begin{aligned} R_\theta(t) &= \Phi\left(\frac{a - \mu(t)}{\sigma \sqrt{t}} \right) - \exp\left\{ \frac{\mu(t) - x}{\sigma^2 t} 2(a - x) \right\} \Phi\left(\frac{-a - \mu(t) + 2x}{\sigma \sqrt{t}} \right) \\ &= \Phi\left(\frac{4 - \mu(t)}{\sqrt{t}} \right) - \exp\left\{ \frac{\mu(t) - 1}{t} 2(4 - x) \right\} \Phi\left(\frac{-4 - \mu(t) + 2}{\sqrt{t}} \right) \end{aligned} \quad (8-2)$$

其中，当 $\theta_1 = 0.6$ 时，$\mu(t)$ 的变化规律为

$$\begin{cases} \mu_n(t) = \mu_{n-1}(t) - 0.6 \left[\mu_{n-1}(2n) - 1 \right] \\ \mu_0(t) = 2t + 1 \end{cases}$$

其中，当 $\theta_2 = 0.7$ 时，$\mu(t)$ 的变化规律为

$$\begin{cases} \mu_n(t) = \mu_{n-1}(t) - 0.7 \left[\mu_{n-1}(2n) - 1 \right] \\ \mu_0(t) = 2t + 1 \end{cases}$$

采用 MATLAB 分别绘制不同校正度下系统的可靠度变化曲线，如图 8-1 所示。

通过图形比较分析可知，校正度 θ 可显著提升系统的可靠度，其敏感性较强。校正度越大，对可靠度的提升越显著；随着系统运行时间的增加，校正行为的提升效果逐渐变弱，例如，在 $t = 20$ 时刻对系统进行校正后，尽管校正度 $\theta_1 = 0.7$ 对可靠度的提升最大，但在 $t = 22$ 时刻不同校正度下可靠度的大小相差并不大。因此，随着运行时间的增加，产品会逐渐老化，校正行为不能改变系统加速老化的规律，也不能从根本上提高产品可靠性，这也进一步验证了可靠性是产品的固有质量特性。

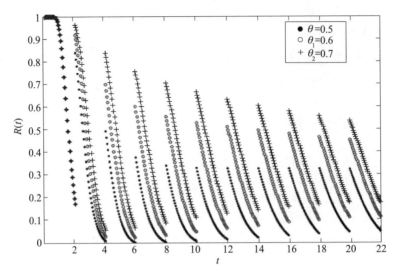

图 8-1　不同校正度下系统可靠度变化曲线

8.1.2　漂移参数 c 的敏感性分析

同理，只改变参数 c 的取值，令 $\Delta^+ = 20\%$ 和 $\Delta^+ = 40\%$，即分别令 $c_1 = 2.4$，$c_2 = 2.8$，应用定理 5.3，将以上数值代入公式，可得

$$R_c(t) = \Phi\left(\frac{4 - \mu(t)}{\sqrt{t}}\right) - \exp\left\{\frac{\mu(t) - 1}{t} 2(4 - x)\right\} \Phi\left(\frac{-4 - \mu(t) + 2}{\sqrt{t}}\right) \quad (8-3)$$

其中，当 $c_1 = 2.4$ 时，$\mu(t)$ 的变化规律为

$$\begin{cases} \mu_n(t) = \mu_{n-1}(t) - 0.5\left[\mu_{n-1}(2n) - 1\right] \\ \mu_0(t) = 2.4t + 1 \end{cases}$$

其中，当 $c_2 = 2.8$ 时，$\mu(t)$ 的变化规律为

$$\begin{cases} \mu_n(t) = \mu_{n-1}(t) - 0.5\left[\mu_{n-1}(2n) - 1\right] \\ \mu_0(t) = 2.8t + 1 \end{cases}$$

采用 MATLAB 绘制系统的可靠度变化曲线，如图 8-2 所示。

通过图形比较分析可知，参数 c 对可靠性的敏感性较强。参数 c 越大，系统的退化越显著，这是因为参数 c 是 $\mu(t)$ 的斜率，但随着运行时间的增加，如 $t = 2$ 时刻和 $t = 22$ 时刻相比，参数 c 对可靠度的影响逐渐减弱，这也符合系统在运行后期加速老化的客观规律。

8.1.3　初始退化量 x 的敏感性分析

同理，只改变初始退化量 x 的取值，令 $\Delta^+ = 20\%$ 和 $\Delta^+ = 100\%$，即分别令 $x_1 = 1.2$，$x_2 = 2$，应用定理 5.3，将以上数值代入公式，可得

$$R_x(t) = \Phi\left(\frac{4 - \mu(t)}{\sqrt{t}}\right) - \exp\left\{\frac{\mu(t) - 1}{t} 2(4 - x)\right\} \Phi\left(\frac{-4 - \mu(t) + 2}{\sqrt{t}}\right) \quad (8-4)$$

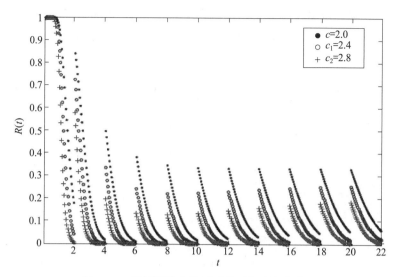

图 8-2　不同漂移参数下系统可靠度变化曲线

其中，当 $x_1 = 1.2$ 时，$\mu(t)$ 的变化规律为

$$\begin{cases} \mu_n(t) = \mu_{n-1}(t) - 0.5\left[\mu_{n-1}(2n) - 1.2\right] \\ \mu_0(t) = 2t + 1.2 \end{cases}$$

其中，当 $x_2 = 2$ 时，$\mu(t)$ 的变化规律为

$$\begin{cases} \mu_n(t) = \mu_{n-1}(t) - 0.5\left[\mu_{n-1}(2n) - 2\right] \\ \mu_0(t) = 2t + 2 \end{cases}$$

采用 MATLAB 绘制系统的可靠度变化曲线，如图 8-3 所示。

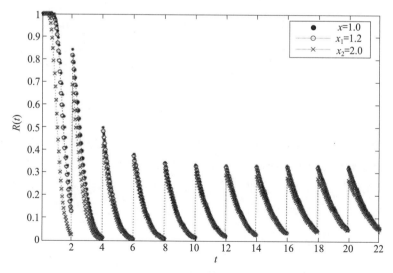

图 8-3　不同初始退化量下系统可靠度变化曲线（见彩插）

通过图形比较分析可知，初始退化量 x 对可靠性的敏感性相对较强，尤其是在系统运行初期。初始退化量 x 越大，同一时刻该系统的可靠度越小，这是因为初始退化量 x 越

大，越接近失效阈值，越易发生失效，这与工程实际相符。此外，从图 8-3 还可以看出，随着运行时间的增加，初始退化量的变化对可靠度的影响逐渐减弱，这也与 Wiener 扩散过程的变化规律相符。

8.1.4　扩散系数 σ 的敏感性分析

同理，只改变扩散系数 σ 的取值，令 $\Delta^+=20\%$ 和 $\Delta^+=40\%$，即分别令 $\sigma_1=1.2$，$\sigma_2=2$ 应用定理 5.3，将已知参数代入公式，可得

$$R_\sigma(t) = \Phi\left(\frac{4-\mu(t)}{\sigma\sqrt{t}}\right) - \exp\left\{\frac{\mu(t)-1}{\sigma^2 t}2(4-x)\right\} \Phi\left(\frac{-4-\mu(t)+2}{\sigma\sqrt{t}}\right) \qquad (8-5)$$

其中，当 $\sigma_1=1.2$ 和 $\sigma_2=2$ 时，$\mu(t)$ 的变化规律均为

$$\begin{cases} \mu_n(t) = \mu_{n-1}(t) - 0.5\left[\mu_{n-1}(2n)-1\right] \\ \mu_0(t) = 2t+1 \end{cases}$$

采用 MATLAB 绘制系统的可靠度变化曲线，如图 8-4 所示。

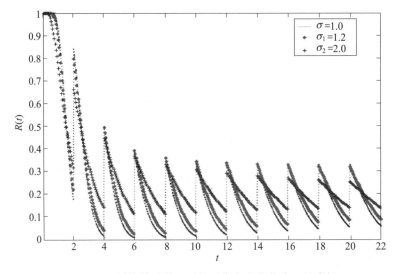

图 8-4　不同扩散系数下系统可靠度变化曲线 （见彩插）

通过图形比较分析可知，扩散系数 σ 对可靠性的敏感性相对较弱。在系统运行初期，扩散系数对系统可靠性的影响不明显，σ 越大，可靠度越小，这是因为运行初期系统的退化量远小于失效阈值，而 σ 越大会加大退化量超过失效阈值的概率；在系统运行后期，σ 越大，可靠度越大，这是因为在运行后期系统加速老化，性能退化量加速趋近于失效阈值，σ 越大反而减小了系统发生失效的概率。

8.2　基于概率密度分布的退化可靠性评估敏感性分析

在系统退化建模中，模型参数并不总是确定不变的，很多情况下是一个随机变量。例如，系统退化的初始值就具有不确定性，在许多情况下，工程人员并不知道初始退化量所

处的状态，只能通过统计和经验知道其服从某一概率分布。本节将以初始退化量为例，基于概率密度分布探讨退化可靠性评估的敏感性问题。

8.2.1　均匀分布下初始退化量的敏感性分析

为了方便对敏感性进行比较分析，不妨假定系统的初始退化量 $X \sim U(0,2)$，均值 $E(X)=1$，模型中其他参数的取值均与 5.5 节中的数值算例相同。

X 的概率密度函数为

$$f(x)=\begin{cases} \dfrac{1}{b-a}=\dfrac{1}{2}, & 0 < x < 2 \\ 0, & \text{其他} \end{cases}$$

应用定理 5.3，系统的可靠度为

$$R(t)=\Phi\left(\frac{a-\mu(t)}{\sigma\sqrt{t}}\right)-\exp\left\{\frac{\mu(t)-x}{\sigma^2 t}2(a-x)\right\}\Phi\left(\frac{-a-\mu(t)+2x}{\sigma\sqrt{t}}\right)$$

$$=\Phi\left(\frac{4-\mu(t)}{\sqrt{t}}\right)-\exp\left\{\frac{\mu(t)-x}{t}2(4-x)\right\}\Phi\left(\frac{-4-\mu(t)+2x}{\sqrt{t}}\right)$$

其中，$\mu(t)$ 的变化规律为

$$\begin{cases} \mu_n(t)=\mu_{n-1}(t)-0.5\left[\mu_{n-1}(2n)-x\right] \\ \mu_0(t)=2t+x \end{cases} \tag{8-6}$$

因此，当 $X \sim U(0,2)$ 时，系统的可靠度可进一步表示为

$$R_{U[0,2]}(t)=\int_0^2 R(t)f(x)\mathrm{d}x$$

$$=\frac{1}{2}\int_0^2\Phi\left(\frac{4-\mu(t)}{\sqrt{t}}\right)-\exp\left\{\frac{\mu(t)-x}{t}2(4-x)\right\}\Phi\left(\frac{-4-\mu(t)+2x}{\sqrt{t}}\right)\mathrm{d}x \tag{8-7}$$

同理可推导得出 $X \sim U(0,3)$ 时系统可靠度的表达式，采用 MATLAB 绘制系统的可靠度变化曲线，如图 8-5 所示。

根据图形比较分析可知，x 对可靠性的敏感性相对较强，初值越小，可靠性越高，这与 8.1.3 节的结论一致。考虑初始退化量的随机性，当服从 [0,2] 上的均匀分布时，由于 $E(X)=1$，所以可靠性评估结果与初值 $x=1$ 的评估结果极为接近；当初始退化量服从 [0,3] 上的均匀分布时，其可靠性评估结果相对较小，这与实际相符。

8.2.2　Beta 分布下初始退化量的敏感性分析

假定系统的初始退化量 $X \sim Be(\alpha,\beta)$，根据 Beta 分布的性质，则 [0,2] 区间上 Beta 分布的概率密度函数为

$$f(x)=\begin{cases} \dfrac{1}{2B(\alpha,\beta)}\left(\dfrac{x}{2}\right)^{\alpha-1}\left(\dfrac{2-x}{2}\right)^{\beta-1}, & 0 < x < 2 \\ 0, & \text{其他} \end{cases}$$

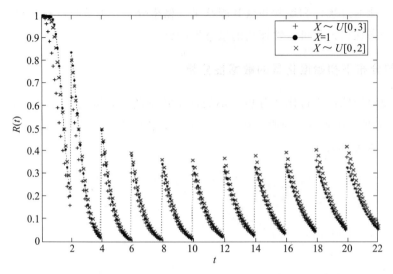

图 8 - 5　初始退化量服从均匀分布时系统可靠度变化曲线

分别考虑以下四种情形：1）$\alpha = 0.5$，$\beta = 0.5$，2）$\alpha = 0.5$，$\beta = 2.0$，3）$\alpha = 2.0$，$\beta = 0.5$，4）$\alpha = 2.0$，$\beta = 2.0$，相应的 Beta 分布概率密度函数曲线如图 8 - 6 所示，显然，情形 1）为下凸的单峰函数，情形 2）为下凸的单调减函数，情形 3）为下凸的单调增函数，情形 4）为上凸的单峰函数。

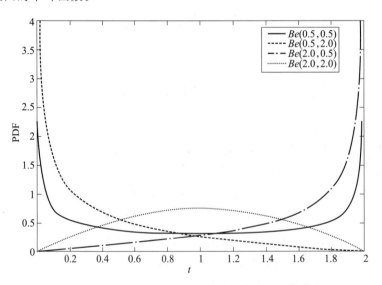

图 8 - 6　[0，2] 区间上 Beta 分布概率密度函数曲线

应用定理 5.3，$X \sim Be(\alpha, \beta)$ 系统的可靠度为

$$R_{Be[0,2]}(t) = \int_0^2 R(t)f(x)\mathrm{d}x$$

$$= \frac{1}{2}\int_0^2\left(\Phi\left(\frac{4-\mu(t)}{\sqrt{t}}\right) - \exp\left\{\frac{\mu(t)-x}{t}2(4-x)\right\}\Phi\left(\frac{-4-\mu(t)+2x}{\sqrt{t}}\right)\right)$$

$$\times \frac{1}{B(\alpha,\beta)}\left(\frac{x}{2}\right)^{\alpha-1}\left(\frac{2-x}{2}\right)^{\beta-1}\mathrm{d}x$$

$$(8-8)$$

其中，$\mu(t)$ 的变化与式（8-6）相同，采用 MATLAB 绘制不同情形下系统的可靠度变化曲线，如图 8-7 所示。

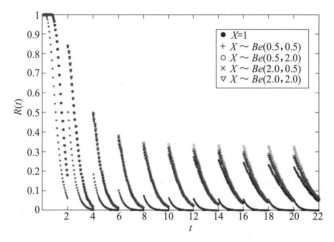

图 8-7　初始退化量服从 [0，2] 区间上的 Beta 分布时系统可靠度变化曲线（见彩插）

　　根据图形比较分析可知，初始退化量的大小对可靠度有显著影响，特别是系统运行初期，初值对其影响尤为显著，这与 8.1.3 节的结论一致。此外，从图中也可以看出，在系统运行初期，初始退化量服从不同参数的 Beta 分布时，可靠度评估结果的差异并不大，但在系统运行后期，差异逐渐显现。根据 [0，2] 上的 Beta 分布的特性，即图 8-6 的概率密度函数可知，概率密度函数 $Be(\alpha=0.5, \beta=2)$ 是单调递减的（初值以很大的概率接近于 0），而 $Be(\alpha=2, \beta=0.5)$ 是单调递增的（初值以很小的概率接近于 0），即同一时刻情形 2）比情形 3）的可靠度高，这与图 8-7 的评估结果完全吻合。

8.3　本章小结

　　本章以单阶段可校正系统为例，对系统退化可靠性评估的敏感性进行了研究。首先，采用 OAT 方法分别对校正度、漂移参数、初始退化量和扩散系数的可靠性评估敏感性进行了分析；其次，以均匀分布和 Beta 分布为例，分析了系统初始退化量服从不同概率密度分布情形下的可靠性评估敏感性。

第9章 工程应用案例

前面章节从模型和方法的角度对动态阈值系统、单阶段可校正系统和多阶段可校正系统退化可靠性建模与评估问题进行了系统研究，本章将以某型船舶平台式惯性导航系统性能退化数据（由真实数据模拟得到）为基础，建立系统退化过程模型，应用前面章节提出的多阶段可校正系统退化可靠性评估方法，对平台式惯性导航系统寿命周期各阶段的可靠性进行评估，进一步验证模型和方法的正确性和实用性。

9.1 平台式惯性导航系统概述

平台式惯性导航系统作为全天候导航设备，广泛应用于陆海空各军兵种武器装备中。例如，在航母、驱逐舰、护卫舰等海军主战舰艇中，平台式惯性导航系统在确保航行安全、提供武器装备基准等方面发挥着重要作用，是综合导航系统的核心设备之一，其可靠性直接影响着整个系统的可用度和作战效能的发挥，因此其地位日益突显。然而，随着高新技术的不断发展和应用，平台式惯性导航系统的高集成化、高智能化以及复杂性逐渐增强，其可靠性呈现出非单调性、多态性、相关性等众多与一般产品不同的特征，亟需建立一套科学、严谨的可靠性信息采集、分析和评价方法，以指导装备研制、生产和使用等全寿命周期的可靠性工作。

9.1.1 系统组成及工作原理

平台式惯性导航系统主要由导航平台、电子机柜和电源变换箱构成，如图 9-1 所示。导航平台是整个系统的核心设备，主要部件是陀螺仪；电子机柜作为系统的操作控制中心，由计算机控制形成稳定的回路；电源变换箱为系统运行提供稳定的电源。

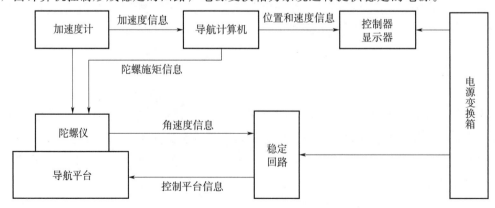

图 9-1 平台式惯性导航系统组成结构图

平台式惯性导航系统以陀螺仪和加速度计为核心部件,其工作原理是:根据陀螺的输出建立导航坐标系,加速度计输出运载体在导航坐标系中的加速度,根据牛顿力学定律,导航计算机完成导航参数计算,这样惯性导航系统就可以实现自主导航,输出航速、航向、经纬度、升沉位移和姿态角等相关信息。经纬度等参数的具体计算方法可参见相关文献,此处不作详述。

9.1.2　系统失效机理及性能指标

平台式惯性导航系统主要的失效模式有两种:突发型失效和和退化型失效。由于系统部件为高精密加工产品,具有较高的可靠度,通常在使用中,突发故障很少发生。因此,我们将整个系统视为一个部件,仅考虑平台式惯性导航系统在研制与使用过程中的性能退化方面所引起的可靠性问题,不考虑由突发故障引起的可靠性问题。

平台式惯性导航系统的常见重要性能指标包括:

1) 经纬度。用于反映船舰航行的地理位置,以度数表示,测量单位为度、分。

2) 东北向速度。用于反映船舰的航行速度。

3) 姿态角。包括航向角、纵摇角和横摇角:航向角以地理北向为起点顺时针方向为正计算,测量单位为度、分;纵摇指沿船舶纵轴的前后往复运动;横摇指沿船舶横轴的左右往复运动。

4) 姿态角速度。惯性系统输出的姿态角变化的速率。

5) 升沉位移。沿垂直轴的上下往复运动位移。

随着工作环境的变化与时间的延续,平台式惯性导航系统会产生一定的性能退化现象,这些性能退化主要体现在各种技术指标的测量误差上,对于水面舰艇,性能退化主要考虑经纬度误差和航向误差,且根据专家经验,这两个退化指标之间的相关性很小,可以忽略不计。

9.1.3　系统工作模式

为了保证导航精度,减少由陀螺仪等姿态部件发生漂移产生的测量误差,平台式惯性导航系统会进行周期性的校正,其工作模式如图 9-2 所示。系统在 t_0 时刻开机进入工作状态,每运行一定时间便进行校对,校正时间很短 (可忽略不计),校正后系统继续工作,直至关机。系统一次开关机的时间内会有若干次校正,相邻校正之间的时间间隔记为一个工作周期,即 $[t_{i-1}, t_i]$, $i=1, 2, \cdots$ 为一个工作周期。显然,校正行为将降低系统的测量误差,且具有间断性。因此,与常见的系统性能退化规律不同,这种周期性校正行为将改变退化量的单调变化特性。

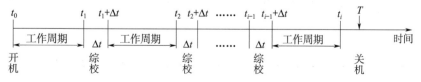

图 9-2　平台式惯性导航系统工作模式图

　　此外，平台式惯性导航系统在装备全寿命周期的各个阶段都需要开展可靠性评估工作，一般可划分为特性形成阶段、交付阶段和服役阶段，各阶段均会收集相应的性能退化数据。因此，平台式惯性导航系统是一个典型的多阶段可校正系统，我们可以应用第 5 章的研究成果建立系统退化过程模型，开展可靠性评估工作。

9.2　系统退化可靠性建模

9.2.1　系统退化过程模型

　　根据平台式惯性导航系统的特点，以经纬度误差和航向误差作为性能退化监测数据，建立系统退化过程模型描述如下：

　　1）系统在时刻 t 的经纬度误差用 $X_A(t)$ 表示，航向误差为 $X_B(t)$ 表示，根据专家经验和历史退化数据，$X_A(t) \sim N(\mu_A(t), \sigma_A^2(t))$，$X_B(t) \sim N(\mu_B(t), \sigma_B^2(t))$ 且 $\mu_A(t) = \theta_A g_A(t)$，$\mu_B(t) = \theta_B g_B(t)$，$\sigma_A^2(t) = \varphi_A h_A(t)$，$\sigma_B^2(t) = \varphi_B h_B(t)$。其中，$\theta_A$，$\theta_B(\varphi_A, \varphi_B)$ 是相互独立的随机变量，$g_A(t)$，$g_B(t)$，$h_A(t)$，$h_B(t)$ 为已知函数。

　　2）当经纬度误差和航向误差均不超过给出的阈值时系统正常工作，即 $X_A(t) < d_A$，$|X_B(t)| < d_B$。

　　3）系统在特性形成阶段、交付阶段和服役阶段均会进行周期性校正以减少误差，校正方式及相关参数的表示方法和含义与 6.1.1 节模型假设 3）相同，且经纬度误差的校正度用 λ_A^1 和 λ_A^2 表示，航向误差的校正度用 λ_B^1 和 λ_B^2 表示。

　　4）系统退化过程数据模型参见 6.1.2 节。

9.2.2　系统可靠性评估模型

　　参照 6.1.3 节，建立两种不同情形下的可靠性评估模型如下：

　　模型 I：θ_A 和 θ_B 未知，$\sigma_A^2(t)$ 和 $\sigma_B^2(t)$ 已知

　　此时，$g_{A,k}(t) = g_A(t - \lambda_A^1 t_{1,k-1})$，$g_{B,k}(t) = g_B(t - \lambda_B^1 t_{1,k-1})$，$\sigma_{A,k}^2(t) = \sigma_A^2(t - \lambda_A^2 t_{j,k-1})$，$\sigma_{B,k}^2(t) = \sigma_B^2(t - \lambda_B^2 t_{j,k-1})$。

　　于是，根据系统可靠性定义，建立该情形下系统各阶段的退化可靠性模型如下：

　　阶段 1：

$$R_{\text{Mean}}^1(t) = P\{X_A(t) \leqslant d_A\} P\{-d_B \leqslant X_B(t) \leqslant d_B\}$$

$$= \Phi\left(\frac{d_A - \hat{\mu}_A(t)}{\sigma_A(t)}\right)\left[\Phi\left(\frac{d_B - \hat{\mu}_B(t)}{\sigma_B(t)}\right) - \Phi\left(\frac{-d_B - \hat{\mu}_B(t)}{\sigma_B(t)}\right)\right]$$

$$= \Phi\left(\frac{d_A - \hat{\theta}_A g_A(t - \lambda_A^1 t_{1,k-1})}{\sqrt{\sigma_A^2(t - \lambda_A^2 t_{1,k-1})}}\right)\left[\Phi\left(\frac{d_B - \hat{\theta}_B g_B(t - \lambda_B^1 t_{1,k-1})}{\sqrt{\sigma_B^2(t - \lambda_B^2 t_{1,k-1})}}\right) - \Phi\left(\frac{-d_B - \hat{\theta}_B g_B(t - \lambda_B^1 t_{1,k-1})}{\sqrt{\sigma_B^2(t - \lambda_B^2 t_{1,k-1})}}\right)\right]$$

$$(9-1)$$

　　上式中，$\hat{\theta}_A$ 和 $\hat{\theta}_B$ 分别表示参数 θ_A 和 θ_B 在第一阶段的估计值，计算方法参见式（6-5）。

阶段 j :

$$R^{j}_{B-\text{Mean}}(t) = \iint_{\theta_A,\theta_B \in \Theta} R(t \mid \theta_A)\pi_j(\theta_A \mid \boldsymbol{y}_{A,j})R(t \mid \theta_B)\pi_j(\theta_B \mid \boldsymbol{y}_{B,j})\,\mathrm{d}\theta_A\mathrm{d}\theta_B$$

$$= \iint_{\theta_A,\theta_B \in \Theta} P\{X_A(t) \leqslant \mathrm{d}_A\}\pi_j(\theta_A \mid \boldsymbol{y}_{A,j})P\{-d_B \leqslant X_B(t) \leqslant d_B\}\pi_j(\theta_B \mid \boldsymbol{y}_{B,j})\,\mathrm{d}\theta_A\mathrm{d}\theta_B$$

$$= \iint_{\theta_A,\theta_B \in \Theta} \left(\Phi\!\left(\frac{d_A - \mu_{A,k}(t)}{\sigma_{A,k}(t)}\right)\left(\Phi\!\left(\frac{d_B - \mu_{B,k}(t)}{\sigma_{B,k}(t)}\right) - \Phi\!\left(\frac{-d_B - \mu_{B,k}(t)}{\sigma_{B,k}(t)}\right)\right)\right)$$
$$\times \pi_j(\theta_A \mid \boldsymbol{y}_{A,j})\pi_j(\theta_B \mid \boldsymbol{y}_{B,j})\,\mathrm{d}\theta_A\mathrm{d}\theta_B$$

$$= \iint_{\theta_A,\theta_B \in \Theta} \left(\Phi\!\left(\frac{d_B - \theta_B g_B(t - \lambda^1_B t_{j,k-1})}{\sqrt{\sigma^2_B(t - \lambda^2_B t_{j,k-1})}}\right) - \Phi\!\left(\frac{-d_B - \theta_B g_B(t - \lambda^1_B t_{j,k-1})}{\sqrt{\sigma^2_B(t - \lambda^2_B t_{j,k-1})}}\right)\right)$$
$$\times \Phi\!\left(\frac{d_A - \theta_A g_A(t - \lambda^1_A t_{j,k-1})}{\sqrt{\sigma^2_A(t - \lambda^2_A t_{j,k-1})}}\right)\pi_j(\theta_A \mid \boldsymbol{y}_{A,j})\pi_j(\theta_B \mid \boldsymbol{y}_{B,j})\,\mathrm{d}\theta_A\mathrm{d}\theta_B$$

写成分步积分即为

$$R^{j}_{B-\text{Mean}}(t) = \int_0^{2\hat{\theta}_B}\left(\Phi\!\left(\frac{d_B - \theta_B g_B(t - \lambda^1_B t_{j,k-1})}{\sqrt{\sigma^2_B(t - \lambda^2_B t_{j,k-1})}}\right) - \Phi\!\left(\frac{-d_B - \theta_B g_B(t - \lambda^1_B t_{j,k-1})}{\sqrt{\sigma^2_B(t - \lambda^2_B t_{j,k-1})}}\right)\right)$$
$$\times \pi_j(\theta_B \mid \boldsymbol{y}_{B,j})\,\mathrm{d}\theta_B\int_0^{2\hat{\theta}_A}\Phi\!\left(\frac{d_A - \theta_A g_A(t - \lambda^1_A t_{j,k-1})}{\sqrt{\sigma^2_A(t - \lambda^2_A t_{j,k-1})}}\right)\pi_j(\theta_A \mid \boldsymbol{y}_{A,j})\,\mathrm{d}\theta_A$$

$$(9-2)$$

上式中, $j=2$, 3, $\pi_j(\theta_A \mid \boldsymbol{y}_{A,j})$ 和 $\pi_j(\theta_B \mid \boldsymbol{y}_{B,j})$ 分别表示参数 θ_A 和 θ_B 在阶段 j 的后验分布, 计算方法参见式 (6-8), 且 $\pi(\theta_j \mid \boldsymbol{y}_j) \sim TN(\mu_j,\sigma^2_j)$ 。

模型 II : $\mu_A(t)$ 和 $\mu_B(t)$ 已知, φ_A 和 φ_B 未知

此 时, $\mu_{A,k}(t) = \mu(t - \lambda^1_A t_{j,k-1})$, $\mu_{B,k}(t) = \mu(t - \lambda^1_B t_{j,k-1})$, $h_{A,k}(t) = h(t - \lambda^2_A t_{j,k-1})$, $h_{B,k}(t) = h(t - \lambda^2_B t_{j,k-1})$

于是, 根据系统可靠性定义, 建立该情形下系统各阶段的退化可靠性模型如下:

阶段 1:

$$R^{1}_{\text{Variance}}(t) = P\{X_A(t) \leqslant d_A\}P\{-d_B \leqslant X_B(t) \leqslant d_B\}$$

$$= \Phi\!\left(\frac{d_A - \mu_A(t)}{\hat{\sigma}_A(t)}\right)\left[\Phi\!\left(\frac{d_B - \mu_B(t)}{\hat{\sigma}_B(t)}\right) - \Phi\!\left(\frac{-d_B - \mu_B(t)}{\hat{\sigma}_B(t)}\right)\right]$$

$$= \Phi\!\left(\frac{d_A - \mu_A(t - \lambda^1_A t_{1,k-1})}{\sqrt{\hat{\varphi}_A h_A(t - \lambda^2_A t_{1,k-1})}}\right)\left[\Phi\!\left(\frac{d_B - \mu_B(t - \lambda^1_B t_{1,k-1})}{\sqrt{\hat{\varphi}_B h_B(t - \lambda^2_B t_{1,k-1})}}\right) - \Phi\!\left(\frac{-d_B - \mu_B(t - \lambda^1_B t_{1,k-1})}{\sqrt{\hat{\varphi}_B h_B(t - \lambda^2_B t_{1,k-1})}}\right)\right]$$

$$(9-3)$$

上式中, $\hat{\varphi}_A$ 和 $\hat{\varphi}_B$ 分别表示参数 φ_A 和 φ_B 在第一阶段的估计值, 计算方法参见式 (6-9), 且 $\pi(\varphi_j \mid \boldsymbol{y}_j) \sim TIG(\alpha_j,\beta_j)$ 。

阶段 j :

$$R_{B-\text{Variance}}^{j}(t)=\iint_{\varphi_A,\varphi_B\in\Phi}R\left(t\mid\varphi_A\right)\pi_j\left(\varphi_A\mid\mathbf{y}_{A,j}\right)R\left(t\mid\varphi_B\right)\pi_j\left(\varphi_B\mid\mathbf{y}_{B,j}\right)\mathrm{d}\varphi_A\mathrm{d}\varphi_B$$

$$=\iint_{\varphi_A,\varphi_B\in\Phi}P\{X_A(t)\leqslant d_A\}\pi_j\left(\varphi_A\mid\mathbf{y}_{A,j}\right)P\{-d_B\leqslant X_B(t)\leqslant d_B\}\pi_j\left(\varphi_B\mid\mathbf{y}_{B,j}\right)\mathrm{d}\varphi_A\mathrm{d}$$

$$=\iint_{\varphi_A,\varphi_B\in\Phi}\left(\Phi\left(\frac{d_A-\mu_{A,k}(t)}{\sigma_{A,k}(t)}\right)\left(\Phi\left(\frac{d_B-\mu_{B,k}(t)}{\sigma_{B,k}(t)}\right)-\Phi\left(\frac{-d_B-\mu_{B,k}(t)}{\sigma_{B,k}(t)}\right)\right)\right)$$

$$\times\pi_j\left(\varphi_A\mid\mathbf{y}_{A,j}\right)\pi_j\left(\varphi_B\mid\mathbf{y}_{B,j}\right)\mathrm{d}\varphi_A\mathrm{d}\varphi_B$$

代入并写成分步积分即为

$$R_{B-\text{Variance}}^{j}(t)=\iint_{\varphi_A,\varphi_B\in\Phi}\left(\Phi\left(\frac{d_B-\mu_B\left(t-\lambda_B^1t_{j,k-1}\right)}{\sqrt{\varphi_Bh_B\left(t-\lambda_B^2t_{j,k-1}\right)}}\right)-\Phi\left(\frac{-d_B-\mu_B\left(t-\lambda_B^1t_{j,k-1}\right)}{\sqrt{\varphi_Bh_B\left(t-\lambda_B^2t_{j,k-1}\right)}}\right)\right)$$

$$\times\Phi\left(\frac{d_A-\mu_A\left(t-\lambda_{A_1}^1t_{j,k-1}\right)}{\sqrt{\varphi_Ah_A\left(t-\lambda_A^2t_{j,k-1}\right)}}\right)\pi_j\left(\varphi_A\mid\mathbf{y}_{A,j}\right)\pi_j\left(\varphi_B\mid\mathbf{y}_{B,j}\right)\mathrm{d}\varphi_A\mathrm{d}\varphi_B$$

$$=\int_0^{2\hat{\varphi}_B}\left(\Phi\left(\frac{d_B-\mu_B\left(t-\lambda_B^1t_{j,k-1}\right)}{\sqrt{\varphi_Bh_B\left(t-\lambda_B^2t_{j,k-1}\right)}}\right)-\Phi\left(\frac{-d_B-\mu_B\left(t-\lambda_B^1t_{j,k-1}\right)}{\sqrt{\varphi_Bh_B\left(t-\lambda_B^2t_{j,k-1}\right)}}\right)\right)\pi_j\left(\varphi_B\mid\mathbf{y}_{B,j}\right)\mathrm{d}\varphi_B$$

$$\times\int_0^{2\hat{\varphi}_A}\Phi\left(\frac{d_A-\mu_A\left(t-\lambda_A^1t_{j,k-1}\right)}{\sqrt{\varphi_Ah_A\left(t-\lambda_A^2t_{j,k-1}\right)}}\right)\pi_j\left(\varphi_A\mid\mathbf{y}_{A,j}\right)\mathrm{d}\varphi_A$$

$$(9-4)$$

上式中，$j=2,3$，$\pi_j\left(\varphi_A\mid\mathbf{y}_{A,j}\right)$ 和 $\pi_j\left(\varphi_B\mid\mathbf{y}_{B,j}\right)$ 分别表示参数 φ_A 和 φ_B 在阶段 j 的后验分布，计算方法参见式（6-12）。

9.3　系统可靠性评估

平台式惯性导航系统在特性形成阶段、交付阶段和服役阶段，经纬度误差和航向误差数据（根据真实数据模拟生成）见表 9-1。

表 9-1　三个阶段经纬度误差和航向误差模拟数据

$t^{(1)}$/小时	$\mathbf{y}_{A,1}$	$\mathbf{y}_{B,1}$	$t^{(2)}$/小时	$\mathbf{y}_{A,2}$	$\mathbf{y}_{B,2}$	$t^{(3)}$/小时	$\mathbf{y}_{A,3}$	$\mathbf{y}_{B,3}$
1	0.000 1	−0.000 3	1	0.000 7	−0.000 4	1	0.000 3	0.000 2
61	0.003 7	0.006 0	61	0.002 0	0.005 6	61	0.0067	0.005 5
121	0.005 8	0.004 7	121	0.007 2	−0.010 0	121	0.009 3	0.009 0
181	0.008 2	0.008 7	181	0.008 1	0.011 3	181	0.011 3	0.016 8
241	0.000 2	0.001 2	241	0.000 7	−0.000 6	241	0.001 1	−0.001 0
301	0.003 1	−0.004 3	301	0.003 2	0.004 7	301	0.006 2	−0.006 0
361	0.004 5	0.005 0	361	0.002 4	0.008 1	361	0.008 8	−0.010 0

续表

$t^{(1)}$ / 小时	$y_{A,1}$	$y_{B,1}$	$t^{(2)}$ / 小时	$y_{A,2}$	$y_{B,2}$	$t^{(3)}$ / 小时	$y_{A,3}$	$y_{B,3}$
421	0.005 2	0.008 4	421	0.003 5	0.014 2	421	0.0156	0.013 6
481	0.000 5	−0.001 4	481	0.000 9	−0.001 1	481	0.003 3	0.002 0
541	0.003 2	0.006 0	541	0.002 6	0.004 0	541	0.006 7	0.009 1
601	0.006 1	0.004 8	601	0.004 4	0.010 2	601	0.009 6	0.005 5
661	0.006 6	0.008 7	661	0.017 2	0.013 6	661	0.0163	0.014 7
721	0.000 6	0.002 2	721	0.003 5	0.001 5	721	0.0230	0.001 7
781	0.004 7	0.005 0	781	0.008 5	0.007 6	781	0.003 7	0.007 8
841	0.005 6	0.006 3	841	0.014 9	−0.010 0	841	0.0074	0.011 3
901	0.0078	0.008 6	901	0.018 5	0.012 4	901	0.009 7	0.029 8
961	0.001 4	0.002 5	961	0.000 9	0.003 0	961	0.027 2	0.002 4
1 021	0.005 0	0.006 4	1 021	0.003 8	0.005 8	1 021	0.004 2	−0.006 3
1 081	0.006 5	0.004 9	1 081	0.005 0	0.010 3	1 081	0.007 7	0.012 4
1 141	0.006 2	0.010 0	1 141	0.014 9	0.013 6	1 141	0.010 4	0.026 6
1 201	0.002 7	0.002 4	1 201	0.001 1	−0.003 1	1 201	0.017 0	0.003 2
1 261	0.003 4	−0.004 9	1 261	0.002 8	0.007 8	1 261	0.004 6	0.011 2
1 321	0.007 3	0.007 4	1 321	0.002 8	0.010 6	1 321	0.008 0	0.008 9
1 381	0.009 0	0.009 3	1 381	0.005 1	0.013 9	1 381	0.010 5	0.023 8
1 441	0.002 8	−0.002 8	1441	0.002 9	0.003 2	1 441	0.005 1	−0.004 0
1 501	0.004 1	−0.003 8	1 501	0.007 0	0.005 9	1 501	0.008 7	0.005 3
1 561	0.003 4	0.007 3	1 561	0.019 2	0.009 4	1 561	0.011 2	0.009 6
1 621	0.010 1	0.009 8	1 621	0.017 8	0.016 1	1 621	0.029 3	0.019 4
1 681	0.003 2	0.009 1	1 681	0.001 4	0.015 1	1 681	0.0117	−0.017 0
1 741	0.004 2	0.009 0	1 741	0.003 0	0.0122	1 741	0.013 5	0.015 5

　　假设平台式惯性导航系统每运行 240 h 进行一次校正，且校正度的取值分别是 $\lambda_A^1 = 0.60$，$\lambda_A^2 = 0.75$，$\lambda_B^1 = 0.65$，$\lambda_B^2 = 0.80$，经纬度误差和航向误差的失效阈值 $d_A = d_B = 0.03$，根据惯导系统历史监测数据得知

$$g_{A,k}(t) = (t - \lambda_A^1 t_k)^{1.2}, h_{A,k}(t) = (t - \lambda_A^2 t_k)^{1.75}, t \in [t_{k-1}, t_k]$$

$$g_{B,k}(t) = (t - \lambda_B^1 t_k)^{1.1}, h_{B,k}(t) = (t - \lambda_B^2 t_k)^{1.9}, \quad t \in [t_{k-1}, t_k]$$

　　首先，计算惯导系统在特性形成阶段，退化模型 I 和模型 II 中参数的估计值

$\hat{\theta}_{A,1} = 3.271\,6E-06, \hat{\theta}_{B,1} = 5.656\,0E-06, \hat{\varphi}_{A,1} = 1.166\,8E-09, \hat{\varphi}_{B,1} = 4.167\,2E-09$

其次，计算惯导系统在交付阶段和服役阶段，退化模型 I 和模型 II 中参数的后验分布均值，分别见表 9-2～表 9-5。

表 9-2　交付阶段和服役阶段模型 I 中经纬度误差的后验分布参数值

阶段 j	2	3
$\mu_{A,j}$	4.536 7E−06	6.812 9E−06
$\sigma_{A,j}^2$	9.794 9E−08	3.519 4E−08

表 9-3　交付阶段和服役阶段模型 I 中航向误差的后验分布参数值

阶段 j	2	3
$\mu_{B,j}$	7.584 8E−06	8.776 6E−06
$\sigma_{B,j}^2$	1.537 9E−06	6.745 6E−07

表 9-4　交付阶段和服役阶段模型 II 中经纬度误差的后验分布参数值

阶段 j	2	3
$\alpha_{A,j}$	14	29
$\beta_{A,j}$	2.663 8E−07	4.031 7E−07

表 9-5　交付阶段和服役阶段模型 II 中航向误差的后验分布参数值

阶段 j	2	3
$\alpha_{B,j}$	14	29
$\beta_{B,j}$	1.107 4E−07	1.775 8E−07

最后，采用式（9-1）至式（9-4）计算系统的可靠度，变化曲线如图 9-3～图 9-5 所示。

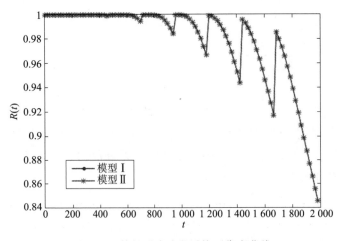

图 9-3　特性形成阶段系统可靠度曲线

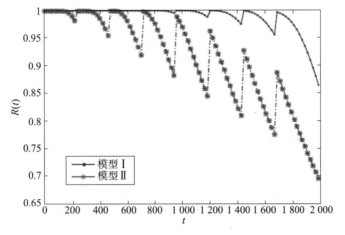

图 9 - 4　交付阶段系统可靠度曲线

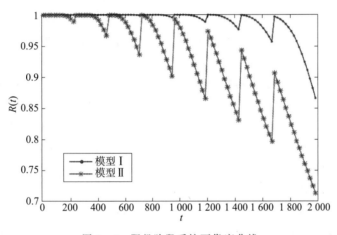

图 9 - 5　服役阶段系统可靠度曲线

9.4　本章小结

　　本章以某型水面舰艇平台式惯性导航系统为例，应用第 6 章的相关理论和方法建立了系统退化过程模型，并对特性形成阶段、交付阶段和服役阶段平台式惯性导航系统的可靠性进行了评估。应用中，我们考虑到平台式惯性导航系统的系统退化过程有经纬度误差和航向误差两个不相关的性能退化量，根据模型参数情形建立了两种退化模型，解决了周期性校正行为下平台式惯性导航系统的可靠性评估难题。评估结果与工程实际基本相符，验证了模型和方法的正确性和实用性。类似的，也可将其他章节建立的系统退化模型和可靠性评估方法应用于工程实际。

参 考 文 献

[1] 甘茂治，康建设，高崎. 军用系统维修工程学 [M]. 北京：国防工业出版社，1999.

[2] 曹晋华，程侃. 可靠性数学引论 [M]. 北京：高等教育出版社，2006.

[3] 高杜生，张玲霞. 可靠性理论与工程应用 [M]. 北京：国防工业出版社，2002.

[4] 宋保维. 系统可靠性设计 [M]. 西安：西北工业大学出版社，2008.

[5] 王少萍. 工程可靠性 [M]. 北京：北京航空航天大学出版社，2000.

[6] 郭永基. 可靠性工程原理 [M]. 北京：清华大学出版社，2002.

[7] 周正伐. 可靠性工程基础 [M]. 北京：中国宇航出版社，2009.

[8] 郭波，等. 系统可靠性分析 [M]. 长沙：国防科技大学出版社，2002.

[9] 韩明. 基于无失效数据的可靠性参数估计 [M]. 北京：中国统计出版社，2005.

[10] 赵建印. 基于性能退化数据的可靠性建模与应用研究 [D]. 长沙：国防科学技术大学博士学位论文，2005.

[11] 孙权，冯静，潘正强. 基于性能退化的长寿命产品寿命预测技术 [M]. 北京：科学出版社，2015.

[12] 金光. 基于退化的可靠性技术：模型、方法和应用 [M]. 北京：国防工业出版社，2014.

[13] 尉询楷，杨立，刘芳，等. 航空发动机预测与健康管理 [M]. 北京：国防工业出版社，2014.

[14] 周东华，魏慕恒，司小胜. 工业过程异常检测、寿命预测与维修决策的研究进展 [J]. 自动化学报，2013，39 (6)：711 - 722.

[15] 齐藤善郎. 漫谈可靠性 [M]. 北京：机械工业出版社，1986.

[16] 陈云翔. 可靠性与维修性工程 [M]. 北京：国防工业出版社，2007.

[17] Oberkampf W L，Helton J C，Joslyn C A，et al. Challenge problems：uncertainty in system response given uncertain parameters [J]. Reliability Engineering & System Safety，2004，85 (1)：11 - 19.

[18] Zio E. Reliability engineering：Old problems and new challenges [J]. Reliability Engineering & System Safety，2009，94 (2)：125 - 141.

[19] 姜有海. 基于性能退化数据的可靠性评估理论研究 [D]. 南京：东南大学硕士学位论文，2009.

[20] Lu C J，Meeker W Q. Using degradation measures to estimate a time - to - failure distribution [J]. Technometrics，1993，35 (2)：161 - 174.

[21] Meeker W Q，Escobar L A. Statistical methods for reliability data [M]. New York：John Wiley & Sons，1998.

[22] Dowling N E. Mechanical behavior of materials [M]. New Jersy：Prentice Hall，1993.

[23] Chan C K，Boulanger M，Tortorella M. Analysis of parameter - degradation data using life - data analysis programs [J]. Annual Reliability and Maintainability symposium，1994，288 - 291.

[24] Ramirez J G，Gore W L. New methods for modeling reliability using degradation data [J]. Statistics Data Analysis and Data Mining，2001：223 - 226.

[25]　Meeker W Q, LuValle M J. An accelerated life test model based on reliability kinetics [J]. Technometrics, 1995, 37 (2): 133 - 146.

[26]　Carey M B, Koenig R H. Reliability assessment based on accelerated degradation: a casestudy [J]. IEEE Transactions on Reliability, 1991, 40 (5): 499 - 506.

[27]　Gertsbackh I B, Kordonskiy K B. Models for Failure [M]. New York: Springer Verlag, 1969.

[28]　Tseng S T, Hamada M, Chiao C H. Using degradation data from a factorial experiment to improve fluorescent lamp reliability [J]. Joural of Quality Technology, 1995, 27: 363 - 369.

[29]　冯静. 小子样复杂系统可靠性信息融合方法与应用研究 [M]. 长沙: 国防科学技术大学, 2004.

[30]　Hamada M. Using degradation data to assess reliability [J]. Quality Engineering, 2005, 17 (4): 615 - 620.

[31]　Oliveira V R B, Colosimo E A. Comparision of methods to estimation the time - to - failure distribution in degradation tests [J]. Quality and Reliability Engineering International, 2004, 20 (4): 363 - 373.

[32]　Freitas M A, Toledo M L G D, Colosimo E A, et al. Using degradation data to assess reliability: a case study on train wheel degradation [J]. Quality and Reliability Engineering International, 2009, 25 (5): 607 - 629.

[33]　Gebraeel N, Elwany A, Pan J. Residual life predictions in the absence of prior degradation knowledge [J]. IEEE Transactions on Reliability, 2009, 58 (1): 106 - 117.

[34]　Gopikrishnan A. Reliability inference based on degradation and time to failure data: some models, methods and efficiency comparisons [J]. The University of Michigan, 2004.

[35]　Su C, Lu J C, Chen D, Hughes - Oliver J M. A random coefficient degradation model with ramdom sample size [J]. Lifetime Data Analysis, 1999, 5 (2): 173 - 183.

[36]　Weaver B P, Meeker W Q, Escobar L A, Wendelberger J R. Methods for planning repeated measures degradation studies [J]. Technometrics, 2013, 55 (2): 122 - 134.

[37]　Lu J C, Park J, Yang Q. Statistical inference of a time - to - failure distribution derived from linear degradation data [J]. Technometrics, 1997, 39 (4): 391 - 400.

[38]　Yuan X X, Pandey M. A nonlinear mixed - effects model for degradation data obtained from in - service inspections [J]. Reliability Engineering and System Safety, 2009, 94 (2): 509 - 519.

[39]　Lin T I, Lee J C. On modeling data from degradation sample paths overtime [J]. Australian and New Zealand Journal of Statistics, 2003, 45 (3): 257 - 270.

[40]　Meeker W Q, Escobar L A, Lu J C. Accelerated degradation tests: modeling and analysis [J]. Technometrics, 1998, 40 (2): 89 - 99.

[41]　Robinson M E, Crowder M J. Bayesian methods for a growth - curve degradation model with repeated measures [J]. Lifetime Data Analysis, 2000, 6 (4): 357 - 374.

[42]　Chen N, Tsui K L. Condition monitoring and remaining useful life prediction using degradation signals: revisited [J]. IIE Transactions, 2013, 45 (9): 939 - 952.

[43]　Ye Z S, Xie M. Stochastic modelling and analysis of degradation for highly reliable products [J]. Applied Stochastic Models in Business and Industry, 2015, 31 (1): 16 - 32.

［44］ Seshadri V. The Inverse Gaussian Distribution ［M］. Oxford：Oxford University Press，1993.

［45］ Chhikara R S，Folks J L. The inverse Gaussian distribution as a lifetime model ［J］. Technometrics，1977，19（4）：461 – 468.

［46］ Folds J L，Chhikara R S. The inverse Gaussian distribution and its statistical application – a review ［J］. Journal of the Royal Statistical Society Series B（methodological），1978，40（3）：263 – 289.

［47］ Doksum K A，Hóyland A. Models for variable – stress accelerated life testing experiments based on Wiener processes and the inverse Gaussian distribution ［J］. Technometrics，1992，34（1）：74 – 82.

［48］ Whitmore GA. Estimating degradation by a Wiener diffusion process subject to measuremen terror ［J］. Lifetime Data Analysis，1995，1（3）：307 – 319.

［49］ Tang S，Yu C，Wang X，Guo X，Si X. Remaining useful life prediction of lithium – ion batteries based on the Wiener process with measurement error ［J］. Energies，2014，7（2）：520 – 547.

［50］ Ye Z S，Wang Y，Tsui K. L. ，Pecht M. Degradation data analysis using Wiener process with measurement errors ［J］. IEEE Transactions on Reliability，2013，62（4）：772 – 780.

［51］ Peng C Y，Tseng S T. Mis – specification analysis of linear degradation models ［J］. IEEE Transactions on Reliability，2009，58（3）：444 – 455.

［52］ Doksum K A，Hóyland A. Models for variable – stress accelerated life testing experiments based on Wiener processes and the inverse Gaussian distribution ［J］. Technometrics，1992，34（1）：74 – 82.

［53］ Doksum K A，Normand SLT. Gaussian models for degradation processes – part I：methods for the analysis of biomarker data ［J］. Lifetime Data Analysis，1995，1（2）：131 – 144.

［54］ Tang L C，Yang G，Xie M. Planning of step – stress accelerated degradation test ［C］. Annual Reliability and Maintainability Symposium，2004，287 – 292.

［55］ Liao C M，Tseng S T. Optimal design for step – stress accelerated degradation tests ［J］. IEEE Transactions on Reliability，2006，55（1）：59 – 66.

［56］ Whitmore G A，Schenkelberg F. Modelling accelerated degradation data using Wiener diffusion with a time scale transformation ［J］. Lifetime Data Analysis，1997，3（1）：27 – 45.

［57］ Lim H，Yum B J. Optimal design of accelerated degradation tests based on Wiener process models ［J］. Journal of Applied Statistics，2011，38（2）：309 – 325.

［58］ Padgett W J，Tomlinson M A. Inference from accelerated degradation and failure data based on Gaussian process models ［J］. Lifetime Data Analysis，2004，10（2）：191 – 206.

［59］ Joseph V R，Yu I T. Reliability improvement experiments with degradation data ［J］. IEEE Transactions on Reliability，2006，55（1）：149 – 157.

［60］ Liao H，Elsayed EA. Reliability inference for field conditions from accelerated degradation testing ［J］. Naval Research Logistics，2006，53（6）：576 – 587.

［61］ Peng C Y，Tseng S T. Progressive – stress accelerated degradation test for highly – reliable products ［J］. IEEE Transactions on Reliability，2010，59（1）：30 – 37.

［62］ Si X S，Wang W，Hu C H，Zhou D H，Pecht M G. Remaining useful life estimation based on a nonlinear diffusion degradation process ［J］. IEEE Transactions on Reliability，2012，61（1）：50 – 67.

[63] Tsai C C, Tseng S T, Balakrishnan N. Mis – specification analyses of gamma and Wiener degradation processes [J]. Journal of Statistical Planning and Inference, 2011, 141 (12): 3725 – 3735.

[64] Si X S, Wang W, Hu C H, Chen M Y, Zhou D H. A Wiener – process – based degradation model with a recursive filter algorithm for remaining useful life estimation [J]. Mechanical Systems and Signal Processing , 2013, 35 (1): 219 – 237.

[65] Wang X, Jiang P, Guo B, Cheng Z. Real – time reliability evaluation with a general Wiener process – based degradation model [J]. Quality and Reliability Engineering International, 2013, 30 (2): 205 – 220.

[66] Bian L, Gebraeel N. Computing and updating the first – passage time distribution for randomly evolving degradation signals [J]. IIE Transactions, 2012, 44 (11): 974 – 987.

[67] Liao H, Tian Z. A framework for predicting the remaining useful life of a single unit under time – varying operating conditions [J]. IIE Transactions, 2013, 45 (9): 964 – 980.

[68] Bian L, Gebraeel N. Stochastic framework for partially degradation systems with continuous component degradation – rate – interactions [J]. Naval Research Logistics, 2014, 61 (4): 286 – 303.

[69] Wang X. Wiener processes with random effects for degradation data [J]. Journal of Multivariate Analysis, 2010, 101 (2): 340 – 351.

[70] Wang X. Nonparametric estimation of the shape function in a Gamma process for degradation data [J]. Canadian Journal of Statistics, 2009, 37 (1): 102 – 118.

[71] Si X, Hu C H, Kong X, Zhou D H. A residual storage life prediction approach for systems with operation state switches [J]. IEEE Transactions on Industrial Electronics, 2014, 61 (11): 6304 – 6315.

[72] Singpurwalla N D. Survival in dynamic environments [J]. Statistical Science, 1995, 10 (1): 86 – 103.

[73] Van Noortwijk J M. A survey of the application of gamma processes in maintenance [J]. Reliability Engineering and System Safety, 2009, 94 (1): 2 – 21.

[74] Yuan X. Stochastic modeling of deterioration in nuclear power plant components [D]. Ontario: University of Waterloo, 2007.

[75] Bagdonavicius V, Nikulin MS. Estimation in degradation models with explanatory variables [J]. Lifetime Data Analysis, 2001, 7 (1): 85 – 103.

[76] Park C, Padgett W J. Accelerated degradation models for failure based on geometric Brownian motion and Gamma processes [J]. Lifetime Data Analysis, 2005, 11 (4): 511 – 527.

[77] Park C, Padgett W J. Stochastic degradation models with several accelerating variables [J]. IEEE Transactions on Reliability, 2006, 55 (2): 379 – 390.

[78] Lawless J, Crowder M. Covariates and random effects in a Gamma process model with application to degradation and failure [J]. Lifetime Data Analysis, 2004, 10 (3): 213 – 277.

[79] Wang X. Semiparametric inference on a class of Wiener processes [J]. Journal of Time Series Analysis, 2009, 30 (2): 179 – 207.

［80］　Wang X. A pseudo – likelihood estimation method for nonhomogeneous gamma process model with random effects ［J］. Statistica Sinica，2008，18（3）：1153 – 1163.

［81］　Ye Z S，Chen N，Tsui K L. A Bayesian approach to condition monitoring with imperfect inspections ［J］. Quality and Reliability Engineering International，2015，31（3）：513 – 522.

［82］　Kallen M J，Noortwijk J M V. Optimal maintenance decisions under imperfect inspection ［J］. Reliability Engineering and System Safety，2005，90（2）：177 – 185.

［83］　Lu D，Pandey M D，Xie W C. An efficient method for the estimation of parameters of stochastic gamma process from noisy degradation measurements ［J］. Journal of Risk and Reliability，2013，227（4）：425 – 433.

［84］　Zhou Y，Sun Y，Mathew J，Wolff R，Ma L. Latent degradation indicators estimation and prediction：a Monte Carlo approach ［J］. Mechanical Systems and Signal Processing，2011，25（1）：222 – 236.

［85］　Wang X，Xu D. An inverse Gaussian process model for degradation data ［J］. Technometrics，2010，52（2）：188 – 197.

［86］　Ye Z S，Chen N. The inverse Gaussian process as a degradation model ［J］. Technometrics，2014，56（3）：302 – 311.

［87］　Wang W. An overview of the recent advances in delay – time – based maintenance modelling ［J］. Reliability Engineering and System Safety，2012，106：165 – 178.

［88］　Ye Z S，Tang L C，Xie M. A burn – in scheme based on percentiles of the residual life ［J］. Journal of Quality Technology，2011，43（4）：334 – 345.

［89］　Esary D J，W. Marshall A. Shock Models and Wear Processes ［J］. Annals of Probability，1973，1（4）：627 – 649.

［90］　Gut A. Mixed Shock Models ［J］. Bernoulli，2001，7（3）：541 – 555.

［91］　Lam Y. A geometric process – shock maintenance model ［J］. IEEE Transactions on Reliability，2009，58（2）：389 – 396.

［92］　Li G，Luo J. Shock model in Markovian environment ［J］. Naval Research Logistics，2005，52（3）：253 – 260.

［93］　黄洪钟，朱顺鹏，汪忠来，等. 基于剩余强度衰减退化的非线性累积损伤准则及其可靠性定寿 ［J］. 应用基础与工程科学学报，2011，19（2）：323 – 334.

［94］　Nakagawa T. Shock and Damage Models in Reliability Theory ［M］. London：Springer，2007.

［95］　Soro I W，Nourelfath M，Ait – Kadi D. Performance evaluation of multi – state degraded systems with minimal repairs and imperfect preventive maintenance ［J］. Reliability Engineering and System Safety，2010，95（2）：65 – 69.

［96］　Yin M L，Angus J E，Trivedi K S. Optimal preventive maintenance rate for best availability with hypo – exponential failure distribution ［J］. IEEE Transactions on Reliability，2013，62（2）：351 – 361.

［97］　Zhong C，Jin H. A novel optimal preventive maintenance policy for a cold standby system based on semi – Markovtheory ［J］. European Journal of Operational Research，2014，232（2）：405 – 411.

［98］　Kharoufeh J P. Explicit results for wear processes in a Markovian environment ［J］. Operations

Research Letters，2003，31（3）：237 – 244.

[99] Kharoufeh J P，Cox S M. Stochastic models for degradation – based reliability [J]. IIE Transactions，2005，37（6）：533 – 542.

[100] Kharoufeh J P，Solo C J，Ulukus M Y. Semi – Markov models for degradation – based reliability [J]. IIE Transactions，2010，42（8）：599 – 612.

[101] Xu Z，Ji Y，Zhou D. Real – time reliability prediction for a dynamic system based on the hidden degradation process identification [J]. IEEE Transactions on Reliability，2008，57（2）：230 – 242.

[102] Byon E，Ding Y. Season – dependent condition – based maintenance for a wind turbine using a partially observed Markov decision process [J]. IEEE Transactions on Power Systems，2010，25（4）：1823 – 1834.

[103] Gebraeel N，Lawley M，Liu R，Parmeshwaran V. Residual life predictions from vibration – based degradation signals：a neural network approach [J]. IEEE Transactions on Industrial Electronics，2004，51（3）：694 – 700.

[104] Sotiris V A，Tse P W，Pecht M G. Anomaly detection through a Bayesian support vector machine [J]. IEEE Translation on Reliability，2010，59（2）：277 – 286.

[105] Hamada M S，Wilson A，Reese C S，Martz H. Bayesian Reliability [M]. New York：Springer，2008.

[106] Xue J，Yang K. Upper & lower bounds of stress – strength interference reliability with random strength degradation [J]. IEEE Translation on Reliability，1997，46（1）：142 – 145.

[107] Wang P. System reliability prediction based on degradation modeling considering field operating stress scenarios [D]. New Jersey：The State University of New Jersey，2003.

[108] Wang P，Coit D W. Reliability and degradation modeling with random or uncertain failure threshold [C]. Reliability and Maintainability Symposium，2007，392 – 397.

[109] Xie L，Zhou J，Hao C. System – level load – strength inference based reliability modeling of k – out – of – nsystem [J]. Reliability Engineering and System Safety，2004，84（3）：311 – 317.

[110] Lewis E E，Chen H C. Load – capacity Interference and the Bathtub Curve [J]. IEEE Translation on Reliability，1994，43（3）：470 – 475.

[111] Huang W，Askin R G. A Generalized SSI reliability model considering stochastic loading and strength aging degradation [J]. IEEE Translation on Reliability，1997，46（1）：142 – 145.

[112] 赵建印，孙权，周经纶. 周期性随机应力强度退化下的 SSI 可靠性模型研究 [J]. 应用科学学报，2006，24（5）：529 – 532.

[113] Lehmann A. Degradation – threshold – shock models [M]. US：Springer，2006.

[114] Kong D，Cui L.（2015），Bayesian inference of multi – stage reliability for degradation systems with calibrations [J]. Journal of Risk and Reliability，2016，230（1）：18 – 33.

[115] Lirong Cui，Jinbo Huang，Yan Li. Degradation Models with Wiener Diffusion Processes under Calibrations [J]. IEEE Transactions on Reliability，2016，65（2）：613 – 623.

[116] Jinbo Huang，Dejing Kong，Lirong Cui. Bayesian Reliability Assessment and Degradation Modeling with Calibrations and Random Failure Threshold [J]. Journal of Shanghai Jiaotong University（Science），2016，21（4）.

［117］ Agrawal G P，Dutta N K. Infrared and Visible Semiconductor Lasers ［M］. US：Springer，1993.

［118］ Bae S J，Kvam P H. A nonlinear random – coefficients model for degradation testing ［J］. Technometrics，2004，46（4）：460 – 469.

［119］ Bae S J，Kvam P H. A change – point analysis for modeling incomplete burn – in for light displays ［J］. IIE Transactions，2006，38（6）：489 – 498.

［120］ Ponchet A，Fouladirad M，Grall A. Assessment of a maintenance model for a multi – deteriorating mode system ［J］. Reliability Engineering and System Safety，2010，95（11）：1244 – 1254.

［121］ Feng J，Sun Q，Jin T. Storage life prediction for a high – performance capacitor using multi – phase Wiener degradation model ［J］. Communications in Statistics—Simulation and Computation，2012，41（8）：1317 – 1335.

［122］ Ng T S. An application of the EM algorithm to degradation modeling ［J］. IEEE Transactions on Reliability，2008，57（1）：2 – 13.

［123］ Lindqvist B H，Skogsrud G. Modeling of dependent competing risks by first passage times of Wiener processes ［J］. IIE Transactions，2008，41（1）：72 – 80.

［124］ Li W，Pham H. Reliability modeling of multi – state degraded systems with multi – competing failures and random shocks ［J］. IEEE Transactions on Reliability，2005，54（2）：297 – 303.

［125］ 陈玉波，于永利，张柳. 多阶段任务系统（PMS）可靠性模型研究 ［J］. 系统工程与电子技术，2006，28（1）：146 – 149.

［126］ 刘斌，武小悦. 基于多阶段贝叶斯网络的反导系统任务可靠性建模 ［J］. 系统学院学报，2012，23（1）：75 – 78.

［127］ 姚增起. 系统退化和系统可靠性研究 ［D］. 北京：中国科学院自动化研究所博士学位论文，1988.

［128］ 王小林，郭波，程志君. 基于分阶段 Wiener – Einstein 过程设备的实时可靠性评估 ［J］. 中南大学学报（自然科学版），2012，43（2）：534 – 540.

［129］ 刘隆波，金家善，王锐. 考虑设备性能退化的船用热力系统多阶段任务可靠性 ［J］. 海军工程大学学报，2010（2）：79 – 83.

［130］ Huang W，Askin R G. Reliability analysis of electronic devices with multiple competing failure modes involving performance aging degradation ［J］. Quality and Reliability Engineering International，2003，19（3）：241 – 254.

［131］ Lu S，Lu H，Kolarik W. Multivariate performance reliability prediction in real – time ［J］. Reliability Engineering and System Safety，2001，72（1）：39 – 45.

［132］ Wang P，Coit D W. Reliability prediction based on degradation modeling for systems with multiple degradation measures ［C］. Proceedings Annual Reliability and Maintainability Symposium （RAMS），2014：302 – 307.

［133］ Sari J K，Newby M J，Brombacher A C. Bivariate constant stress degradation model：LED lighting system reliability estimation with two – stage modelling ［J］. Quality and Reliability Engineering International，2009，25（8）：1067 – 1084.

［134］ Zhou J，Pan Z，Sun Q. Bivariate degradation modeling based on Gamma process ［C］. World Congress on Engineering 2010，London，U. K：2010.

[135] Xu D，Zhao W. Reliability prediction using multivariate degradation data [C]. Proceedings Annual Reliability and Maintainability Symposium (RAMS)，2005，4：337 – 341.

[136] Pan Z Q，Balakrishnan N，Sun Q，et al. Bivariate degradation analysis of products based on Wiener processes andcopulas [J]. Journal of Statistical Computation and Simulation，2013，83 (7)：1316 – 1329.

[137] 魏星. 基于产品性能退化数据的可靠性分析及应用研究 [D]. 南京：南京理工大学硕士学位论文，2008.

[138] Filippi C. Sensitivity analysis in linear programming [J]. Encyclopedia of Operations Research and Management Science，2010，1 – 10.

[139] Borgonovo E，Plischke E. Sensitivity analysis：A review of recent advances [J]. European Journal of Operational Research，2016，248：869 – 887.

[140] Birnbaum Z W. On the importance of different componentsin a multicomponent system [J]. Multivariate Analysis Ⅱ，1968，581 – 592.

[141] Fussell J. How to calculate system reliability and safety characteristics [J]. IEEE Transactions on Reliability，1975，24 (3)：169 – 174.

[142] Aven T，Nøkland T E. On the use of uncertainty importance measures in reliability and risk analysis [J]. Reliability Engineering and System Safety，2010，95：127 – 133.

[143] Øksendal B. Stochastic Differential Equations：An Introduction with Applications (Fifth Edition) [M]. New York，Springer，2000.

[144] Kijima M，Morimura H，Suzuki Y. Periodical replacement problem without assuming minimal repair [J]. European Journal of Operational Research，1988，37 (2)：194 – 203.

[145] Kijima M. Some results for repairable systems with general repair [J]. Journal of Applied Probability，1989，26：89 – 102.

[146] 孙青. 三状态安全关键系统可靠性与维修性模型研究 [D]. 北京：北京理工大学博士学位论文，2010.

[147] Cui L. Maintenance models and optimization，Handbook of Performability Engineering [M]. Springer，2008，Chapter 48，789 – 805.

[148] 茆诗松，程依明，濮晓龙. 概率论与数理统计教程 [M]. 北京：高等教育出版社，2004.

[149] Schuss Z. Theory and Applications of Stochastic Processes：An Analytical Approach [M]. New York，Springer，2009.

[150] 洪锡熙. 正态分布的共轭分布及贝叶斯估计 [J]. 数理统计与管理，1994，13 (6)：51 – 55.

[151] 刘广应，陆敏. 非线性飘移布朗运动的极值分布 [J]. 数学杂志，2010，30 (2)：315 – 319.

[152] Lansky P，Smith C E，Ricciardi L M. One – dimensional stochastic diffusion models of neuronal activity and related first – passage – time problems [J]. Trends in Biological Cybernetics，1990，1：153 – 162.

[153] Peng H，Feng Q，Coit D W. (2009). Simultaneous quality and reliability optimization for microengines subject to degradation. Reliability，IEEE Transactions on，2009；58 (1)：98 – 105.

[154] Peng H，Feng Q，Coit D W. (2010). Reliability and maintenance modelling for systems subject to multiple dependent competing failure processes. IIE transactions，2010；43 (1)：12 – 22.

[155] Kuniewski S P, van der Weide J A M, van Noortwijk J M. Sampling inspection for the evaluation of time - dependent reliability of deteriorating systems under imperfect defect detection. Reliability Engineering and System Safety, 2009, 94 (9): 1480 - 1490.

[156] Cocozza - Thivent C. Processus stochastiqueset fiabilité des systèmes. Vol. 28. Springer Science and Business Media, 1997.

[157] Lee S, Wilson J R, Crawford M M. Modeling and simulation of a nonhomogeneous Poisson process having cyclic behavior. Communications in Statistics - Simulation and Computation, 1991, 20 (2): 777 - 809.

[158] Ogata Y. On Lewis' simulation method for point processes. IEEE Transactions on Information Theory, 1981, 27 (1): 23 - 31.

[159] Lewis P A, Shedler G S. Simulation of nonhomogeneous Poisson processes by thinning. Naval Research Logistics, 1979, 26 (3): 403 - 413.

[160] Lewis P A W, Shedler G S. Simulation of nonhomogeneous Poisson processes with log linear rate function. Biometrika, 1976, 63 (3): 501 - 505.

[161] Tanner D M, Dugger M T. Wear mechanisms in a reliability methodology. Micromachining and Microfabrication. International Society for Optics and Photonics, 2003: 22 - 40.

[162] Rafiee K, Feng Q, Coit D W. Reliability modelling for dependent competing failure processes with changing degradation rate. IIE transactions, 2014; 46 (5): 483 - 496.

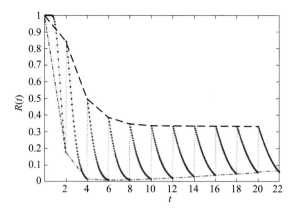

图 5-6 算例一中定期校正系统的可靠度函数曲线及极值线（P69）

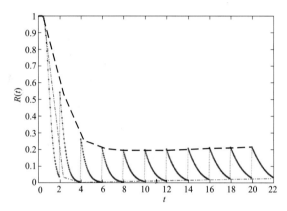

图 5-7 算例二中定期校正系统的可靠度函数曲线及极值线（P70）

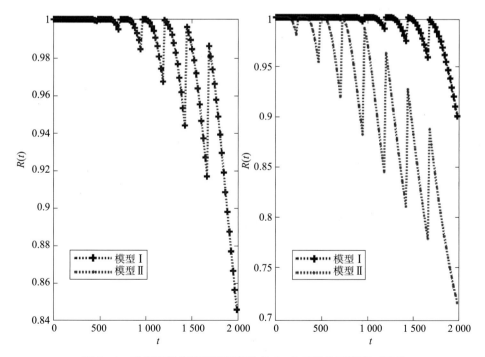

图 6-3 确定型阈值情形下运行阶段 1～2 系统的可靠度（P86）

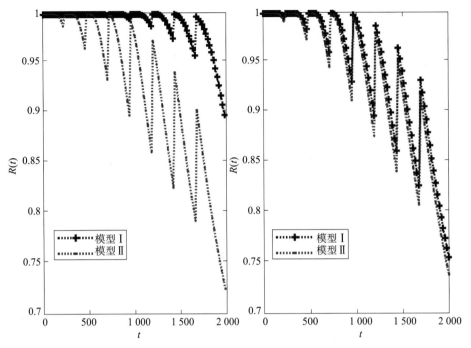

图 6-4　确定型阈值情形下运行阶段 3～4 系统的可靠度（P86）

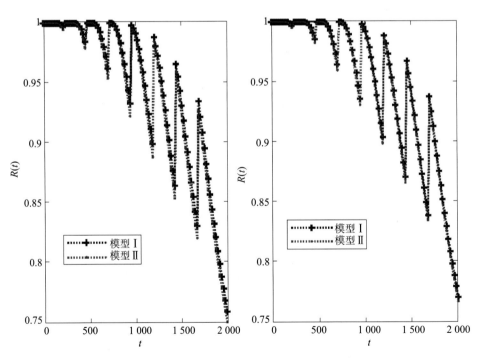

图 6-5　确定型阈值情形下运行阶段 5～6 系统的可靠度（P87）

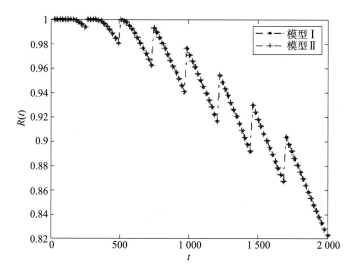

图 6-6　随机型阈值情形下运行阶段 1 系统的可靠度（P87）

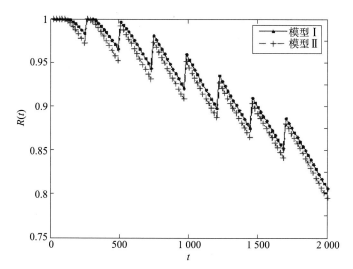

图 6-7　随机型阈值情形下运行阶段 2 系统的可靠度（P88）

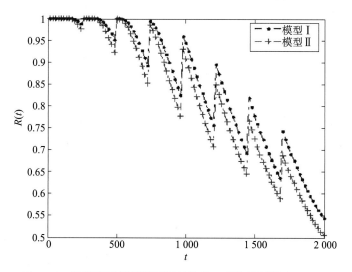

图 6-8　随机型阈值情形下运行阶段 3 系统的可靠度（P88）

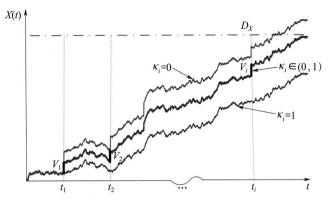

图 7 - 3　冲击—校正—退化失效的退化路径（P93）

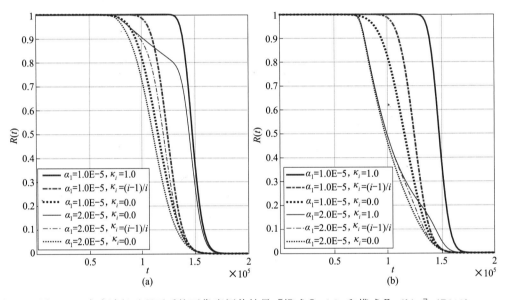

图 7 - 4　齐次泊松过程下系统可靠度评估结果［模式Ⅰ（a）和模式Ⅱ（b）］（P103）

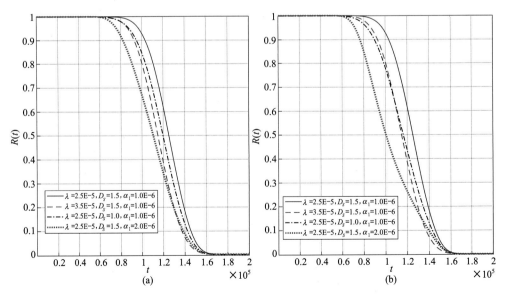

图 7 - 5　齐次泊松过程下不同到达率和失效阈值的可靠性分析结果［模式Ⅰ（a）和模式Ⅱ（b）］（P104）

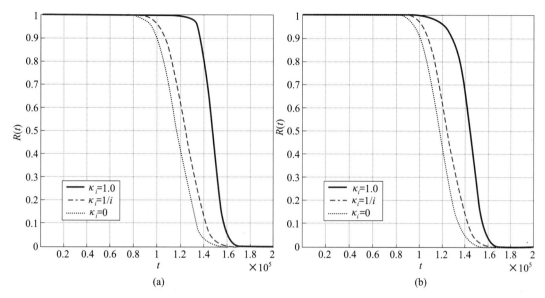

图 7 - 6　非齐次泊松过程下系统可靠度分析结果［模式Ⅰ（a）和模式Ⅱ（b）］（P105）

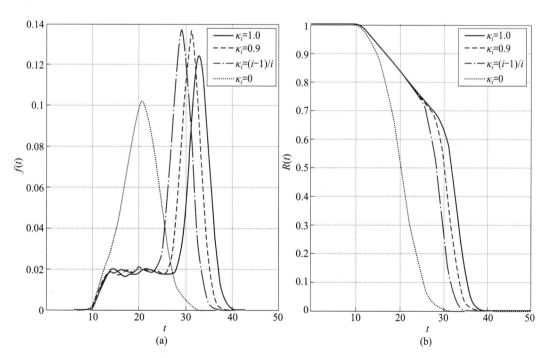

图 7 - 7　齐次泊松过程下模拟系统失效时间的经验概率密度函数和可靠度（模式Ⅰ）（P105）

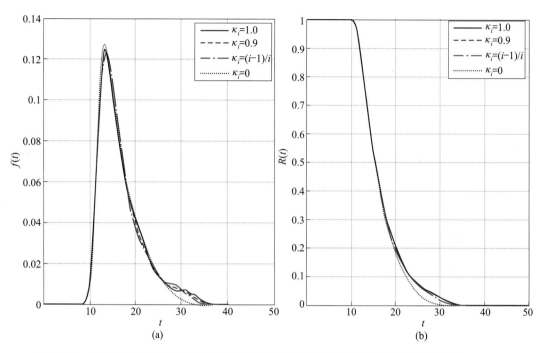

图 7-8　齐次泊松过程下模拟系统失效时间的经验概率密度函数和可靠度（模式Ⅱ）（P106）

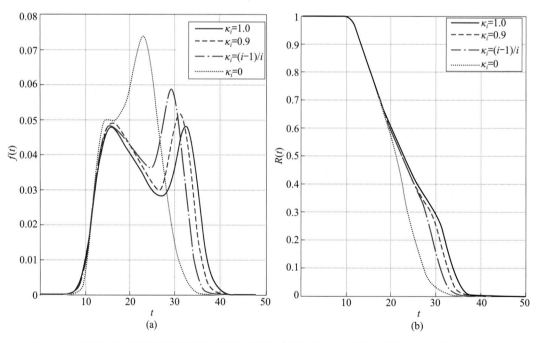

图 7-9　非齐次泊松过程下模拟系统失效时间的经验概率密度函数和可靠度（模式Ⅰ）（P106）

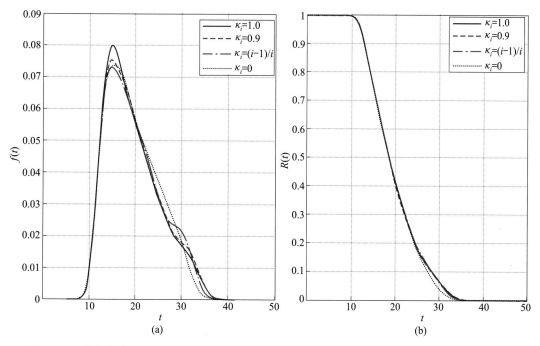

图 7-10 非齐次泊松过程下模拟系统失效时间的经验概率密度函数和可靠度（模式Ⅱ）（P107）

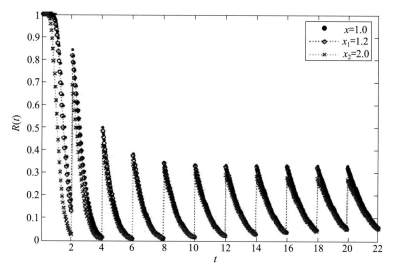

图 8-3 不同初始退化量下系统可靠度变化曲线（P111）

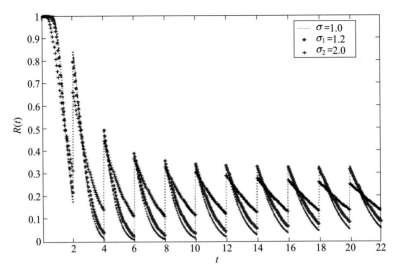

图 8-4　不同扩散系数下系统可靠度变化曲线 （P112）

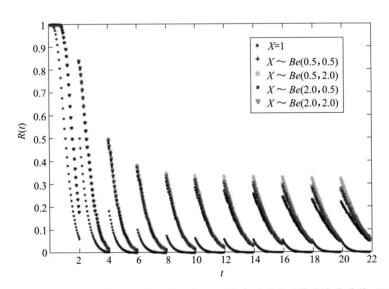

图 8-7　初始退化量服从 [0，2] 区间上的 Beta 分布时系统可靠度变化曲线 （P115）